你就是想太多

张跃峰 编著

南海出版公司
2019·海口

图书在版编目（CIP）数据

你就是想太多 / 张跃峰编著. -- 海口：南海出版公司, 2019.12 (2021.4 重印)

ISBN 978-7-5442-9611-3

Ⅰ. ①你… Ⅱ. ①张… Ⅲ. ①人生哲学－通俗读物 Ⅳ. ①B821-49

中国版本图书馆 CIP 数据核字（2019）第 085326 号

NI JIUSHI XIANG TAI DUO
你就是想太多

编　　著	张跃峰
责任编辑	余　靖
美术设计	松雪图文
出版发行	南海出版公司　电话：（0898）66568511（出版）　（0898）65350227（发行）
社　　址	海南省海口市海秀中路 51 号星华大厦五楼　邮编：570206
电子邮箱	nhpublishing@163.com
经　　销	新华书店
印　　刷	三河市众誉天成印务有限公司
开　　本	880 毫米 × 1270 毫米　1/32
印　　张	5
字　　数	110 千
版　　次	2019 年 12 月第 1 版　2021 年 4 月第 4 次印刷
书　　号	ISBN 978-7-5442-9611-3
定　　价	36.00 元

南海版图书　　版权所有　　盗版必究

前　言

人生十有八九不如意的事情，都来源于想得太多、做得太少。

仔细想想，那些有着各种各样烦恼的人，他们遇到的种种不顺心，大多不都是因为想得太多的缘故？由于各种原因，想说的话没有说出口，该说的话没有说出口，想做的事虽然有很多却没有付诸行动，对自己的生活有诸多规划但依旧保持原样，畏畏缩缩，怕这怕那，最后只剩下满口抱怨，只有羡慕别人的份儿。想多做少，便只能承受现状。

一个人的才能不是天生就有的，它是靠坚持不懈的努力、勤奋换来的。无论多么远大的志向，如果不能以勤奋的态度去努力落实，就永远也无法变成现实，最终也只是海市蜃楼而已。

无论在优越的环境中，还是在贫困的环境中，只要肯勤奋做事，就能够实现你的梦想，因为你付出了就一定会有收获。

哈默曾经说过："幸运看来只会降临到每天工作 14 小

时，每周工作7天的那个人身上。"在他的一生中，他是如此说的，也是如此做的．他90多岁时仍坚持每天工作十多个小时，他说："这就是成功的秘诀。"

巴菲特也认为，培养良好的习惯是获得成功很关键的一环。一旦养成了这种不畏劳苦、敢于拼搏、锲而不舍、坚持到底的劳动品性，无论我们干什么事，都能在竞争中立于不败之地。

俗话说："勤奋是金。"我们只有通过不断努力，才能使自己变成一块金子。一个芭蕾舞演员要练就一身绝技，不知道要流下多少汗水、饱尝多少苦头，一招一式都要经过难以想象的反复练习。著名芭蕾舞演员泰祺妮在准备她的夜晚演出之前，往往要接受父亲两个小时的严格训练。歇下来时，精疲力竭的她想躺下，但又不能脱下衣服，只能用海绵擦洗一下．借以恢复精力。当她在舞台上时，那灵巧如燕的舞步，往往令人心旷神怡，但这又来得何其艰难！台上一分钟，台下十年功！

我们要看到，任何成功都不是轻易获得的，任何巨大的财富都不可能唾手而得，都是要经过勤奋才会有所收获。千里之行，始于足下；不积跬步，无以至千里；不积小流，无以成江海。

李嘉诚说："耐心和毅力就是成功的秘密。"是啊！没有播种就没有收获，光播种，而不善于耐心地、满怀希望地耕耘，也不会有好的收获。最甜的果子往往是在成熟时！

2019年4月

目 录
CONTENTS

PART 1　你最大的问题就是：想得太多做得太少
果断出手，莫对机会"欲说还休" / 002
与其等待机会，不如创造机会 / 005
挑战自我，多给自己一次机会 / 008
机遇没有彩排，只有直播 / 011
躺着思想，不如站起来行动 / 014
吃得苦中苦，方为人上人 / 017
敢于冒险的人生有无限可能 / 019

PART 2　别再胡思乱想了，勇敢拼一把
强者绝不轻言放弃 / 022
决心取得成功比任何一件事都重要 / 026
自信能使一个人征服他相信可以征服的东西 / 029
顽强能创造令人难以想象的奇迹 / 031
进取心是不竭的动力 / 034

过去的历史并不重要,重要的是现在与将来 / 036
永不知足才能与成功握手 / 039

PART 3 所谓的深思熟虑,只是因为你不够自信
成功的敌人是自卑,生命的绞索也是自卑 / 044
对严重的自卑倾向要保持警惕 / 048
轻装上阵,不可做负重前行的蜗牛 / 052
运用恰当的方法化解自卑 / 055
天生我材必有用 / 060
不满意自己的相貌时,要多关注自己的优点 / 063
从自卑中成长起来的自信 / 066
适当收起你的敏感 / 070

PART 4 每一个优秀的人,都有一段沉默的时光
寂寞成长,无悔青春 / 076

失败也是一种财富 / 079

成功贵在坚持 / 081

不喧哗,自有声 / 083

做一个安静细微的人,在角落里自在开放 / 086

心中有光的人,终会冲破一切黑暗和荆棘 / 089

虽然每一步都走得很慢,但我不曾退缩过 / 092

追求宁静,独享寂寞 / 095

PART 5　换一种想法,拆掉思维里的墙

井底之蛙,永远看不到辽阔的大海 / 098

人生无处不"套牢",思路决定出路 / 101

走出囚禁思维的栅栏 / 103

甩掉"金科玉律"的束缚 / 106

打破权威 / 111

换一个角度,换一片天地 / 114

别让"约拿情结"毁了你 / 118

今天得过且过,将来一事无成 / 121

走"无中生有"的路 / 124

打破常规,自己订立游戏规则 / 127

PART 6　走自己的路,别太在意别人的想法

你是独一无二的 / 132

张扬个性,"秀"出自己才有机会 / 134

走自己的路,让别人去说吧 / 137

像世界超模一样走路 / 140

保持特质才能赢得一片蓝天 / 142

自己的人生无须浪费在别人的标准中 / 144

不要拿过去犯下的错误惩罚自己 / 147

把"我不可能"彻底埋葬 / 150

PART 1

你最大的问题就是:想得太多做得太少

果断出手,莫对机会"欲说还休"

令人筋疲力尽的并不是事情本身,而是事前事后患得患失的心态。一个失败者的最大特征就是顾虑重重,犹豫不决。

伟大的作家雨果说过:"最擅长偷时间的小偷就是'迟疑',它还会偷去你口袋中的金钱和成功。"虽然我们没有100%的把握保证每一次决定都能获得成功,但是现实的情况就是等待不如决断。所以,在机会转瞬即逝的当代社会,等待就意味着放弃,成功者宁愿立即失败,也不愿犹豫不决。SAP公司的CEO普拉特纳曾说:"我宁可做6个正确决定和4个错误决定,也不要犹豫等待。"

当恺撒大帝来到意大利的边境卢比孔河时,看似神圣而不可侵犯的卢比孔河使他的信心有所动摇。他心想,如果没有批准,任何一名将军都不允许侵略一个国家。此时他的选择只有两种——"要么毁灭我自己,要么毁灭我的国家",最后他毅然做出决定,喊着"不要惧怕死亡",带头跳入了卢比孔河。 就是因为这一时刻的决定,世界历史随之而改变。

所以,获得成功的最有效的办法,是迅速做出决定,排除一切干扰因素,而且一旦做出决定,就不要犹豫不决,以免决定受到影响。 有的时候犹豫就意味着失去。

古希腊有一位哲学家,饱读经书,富有才情,很多女子迷恋他。 一天,一个女子来敲他的门,说:"让我做你的妻子吧! 错过我,你将再也找不到比我更爱你的女人了!"哲学家虽然也很喜欢她,却回答说:"让我考虑考虑!"

哲学家犹豫了很久,终于下定决心娶那位女子。 哲学家来到女子的家中,问女子的父亲:"你的女儿呢? 请你告诉她,我考虑清楚了,决定娶她为妻!"女子的父亲冷漠地回答:"你来晚了10年,我女儿现在已经是3个孩子的妈了!"

哲学家听了,几乎崩溃。 后来,哲学家抑郁成疾。 临终,他将自己所有的著作丢入火堆,只留下一句对人生的批注:下一次,我绝不犹豫!

所以,面对选择时一定要迅速做出决断,哪怕做出错误的选择也好过犹犹豫豫。 因为机会一旦错过,便不会再来。

有一个小男孩,一天在外面玩耍时,发现一只不会飞的小麻雀,决定把小麻雀带回家喂养,但是想起应该先和爸爸说一声,取得他的同意。 于是他想了想,决定先去找爸爸。

爸爸一听就同意了,可是等小男孩回来的时候,一只黑猫正好把地上的麻雀叼走吃了。 小男孩伤心不已,暗暗下定决心:只要是自己认定的事情,绝不优柔寡断。 后来这个小男孩成为电脑名人,他就是王安博士。

人生的道路上,许多机会都转瞬即逝。 机会不会等人,如果犹豫不决，很可能会失去很多成功的机遇。

犹豫拖延的人没有必胜的信念，也不会有人信任他们。果断积极的人就不一样，他们是世界的主宰。放眼古今中外，能成大事者都是当机立断之人，他们快速做出决定，并迅速执行。

在确定圣彼得堡和莫斯科之间的铁路线时，总工程师尼古拉斯拿出了一把尺子，在起点和终点之间画了一条直线，然后用不容辩驳的语气斩钉截铁地宣布："你们必须这样铺设铁路。"于是，铁路线就这样确定了。

纵观历史，成功者比别人果断，比别人迅速，比别人敢于冒险，因此，能把握更多的机会。实际上，一个人如果总是优柔寡断、犹豫不决，或者总在毫无意义地思考自己的选择，一旦有了新的情况就轻易改变自己的决定，这样的人做不成任何事，只能羡慕别人的成功，在后悔中度过一生！

与其等待机会,不如创造机会

诺贝尔的一生和炸药紧密相连,炸药带给他欢乐,也带给他痛苦;带给他责骂,也带给他赞扬。

诺贝尔的父亲就是一个炸药爱好者,诺贝尔很小的时候,就看见父亲研究炸药。父亲研制的水雷曾被俄军用于克里米亚战争,用来阻挡英国舰队的前进。由于父亲经常换工作,诺贝尔所受的教育多半来自家庭教师。

17岁时,诺贝尔以工程师的名义到了美国,在著名的艾利逊工程师的工场里实习。实习期满后,他又到欧美各国考察了四年才回到家中。不久,父亲从俄国搬回瑞典。当时正是采矿业发展的黄金时期,对性能稳定的炸药需求旺盛,诺贝尔决定改进炸药生产工艺。

在诺贝尔之前,中国"四大发明"之一的黑色火药早已传到欧洲。但黑色火药的威力不够大,而另一种新的炸药又是个"暴脾气",容易爆炸,制造、存放和运输都很危险,人们不知道该怎么使用它。诺贝尔的哥哥曾试图制造出更好的炸药，却没有实用价值。诺贝尔和他的弟弟一起建立了实验室，继续哥哥的研究。经过多次的试验，诺贝尔终于发明了使硝化甘油爆炸的有效方法，并取得了这项发明的专利权。初获成功之后，意外却降临了。1864年9月3日，实验室发生爆炸，当场炸死了5人，其中包括诺贝尔的弟弟。这场事故不仅让诺贝尔失去了亲人，也失去了邻居们的信任。再也没有人愿意让他在附近办实验室，诺贝尔只好把设备转移到一条船上。几经波折，诺贝尔还是建造了世界上第一个硝化甘油工厂。

但这并不是故事的结尾。世界各国买了他制造的硝化甘油，经常发生爆炸事故：美国的一列火车，因炸药爆炸，成了一堆废铁；德国的一家工厂，因炸药爆炸，厂房和附近民房变成一片废墟；"欧罗巴"号海轮，在大西洋上遇到大风颠簸，引起硝化甘油爆炸，船沉人亡。世界各国对硝化甘油失去了信心，但诺贝尔没有灰心，而是想方设法解决硝化甘油不稳定的问题。

1867年7月14日，诺贝尔拉来火药需求商，在他们面前表演了一个重要的节目：他先在一箱安全炸药上点燃木柴，结果没有爆炸；再把一箱安全炸药从大约20米高的山崖上扔下去，结果，也没有爆炸；最后，他在石洞中装入安全炸药，用雷管引爆，结果爆炸了。这次实验，获得了巨大成功，给参观的人留下了深刻的印象：诺贝尔的安全炸药，确实是安全的。不久，诺贝尔向全世界推销这种炸药。

如果诺贝尔等着客户来找自己，他可能永远都在自己的小山沟中做实验，走不出实验的范畴。但是既然没有人主动来找他,他就把别人找过来。 炸药的安全性不需要多言,通过对比就一目了然了,别人看了他的炸药,还有什么好怀疑的呢?

诺贝尔的故事适合那些自认为怀才不遇的人,当你真的有才华的时候,就要创造机会来表现自己的才华! 事实上,绝大部分人的成功都是靠自己争取得来的,坐等机会的人,很少能遇到天时地利的时候。

挑战自我，多给自己一次机会

美西战争爆发时，美国总统必须马上与古巴的起义军将领加西亚取得联络。加西亚在古巴的大山里——没有人知道他的确切位置，可美国总统必须尽快得到他的协助。

有什么办法呢？

有人对总统说："如果有人能够找到加西亚的话，那么这个人一定是罗文。"于是总统把罗文找来，交给他一封写给加西亚将军的信。至于罗文中尉如何拿了信，用油纸袋包装好，上了封，放在胸口藏好；如何坐了四天的船到达古巴，再经过三个星期，徒步穿过这个危机四伏的岛国，终于把那封信送给加西亚——这些细节都不重要。

重要的是，美国总统把一封写给加西亚的信交给罗文，罗文接过信之后并没有问："他在什么地方？"

像罗文中尉这样的人，值得拥有一尊塑像，放在所有的大学里。太多人所需要的不仅仅是从书本上学来的知识，也不仅仅是聆听他人的一些教诲，而是要铸就一种精神：积极主动、全力以赴地完成任务——像"把信送给加西亚"一样。

阿尔伯特·哈伯德所写的《把信送给加西亚》一文首次发表在1899年，随后此文风靡整个世界。不仅是因为每一个领导都喜欢罗文这样的下属，更因为每一个人都从心底佩服罗文，佩服这个主动接受挑战的人。现代企业，迫切需要"罗文"，需要具有责任心和自动自发精神的好员工！而我们的人生，也同样渴望罗文精神。

彼得和查理一起进入一家快餐店，当上了服务员。他俩的年龄一样，也拿着同样的薪水，可是工作时间不长，彼得就得到了老板的褒奖，很快加薪，而查理仍然在原地踏步。面对查理和周围人的牢骚与不解，老板让他们站在一旁，看看彼得是如何完成工作的。在冷饮柜台前，顾客走过来要一杯麦乳混合饮料。

彼得微笑着对顾客说："先生，你愿意在饮料中加入一个鸡蛋还是两个鸡蛋呢？"

顾客说："哦，一个就够了。"

这样快餐店就多卖出一个鸡蛋。在麦乳饮料中加一个鸡蛋通常是要额外收钱的。

看完彼得的工作后，经理说道："据我观察，我们大多数服务员是这样提问的：'先生，你愿意在饮料中加一个鸡蛋吗？'而这时顾客的回答通常是：'哦，不，谢谢。'对于一个能够在工作中主动解决问题、主动完善自我的员工，我没有理由不给他加薪。"

其实这个道理很简单：比别人多努力一些、多思考一些，就会拥有更多的机会。

对于很多人来说，每天的工作可能是一种负担、一项不得不完成的任务，他们并没有做到工作所要求的那么多、那么好。对每一个企业和老板而言，他们需要的绝不是那种仅仅遵守纪律、循规蹈矩，却缺乏热情和责任感，不够积极主动、自动自发的人。

工作需要自动自发，而那些整天抱怨工作的人，是永远都不会"把信送给加西亚"的，他们或者出发前就胆怯了；或者遇到苦难而中途放弃；或者弄丢了这封重要的信，害怕惩罚而逃走；或者被敌人发现，背叛写信人。这样的人是非常狭隘的，他的人生又能有多广阔？

其实，我们每个人都可以把自己的目标当成一次"把信送给加西亚"的任务，这是一次挑战自己的机会，也是实现自我、突破自己的机会。

机遇没有彩排，只有直播

许多人坐等机会，希望好运从天而降，这些人往往难成大事。成功者积极准备，一旦机会降临，便能牢牢地把握。机遇对于每个人来说，没有彩排，只有直播，如果没有把握住的话，只能等着自己出丑。

当机遇到来时，如果你没有提前为机会做好准备，就会将它习惯性地丢掉，与它失之交臂。生活中不是机遇少，只是我们对机遇视而不见。

这就和许多发明创造一样，看起来是偶然，其实那些发现和发明并非偶然得来的，更不是因为什么灵机一动或运气极佳。事实上，在大多数情形下，这些在常人看来纯属偶然的事件，不过是从事该项研究的人长期苦思冥想的结果。

人们常常引用"苹果砸在牛顿的脑袋上，导致他发现万有引力定律"这一例子，来说明所谓纯粹偶然事件在发现中的巨大作用。但人们却忽视了，多年来，牛顿一直在为重力问题苦苦思索、研究这一现象的艰辛过程。苹果落地这一常见的日常生活现象之所以为常人所不在意，而能激起牛顿对重力问题的理解，能激起他灵感的火花并进一步做出异常深刻的解释，就是因为牛顿对重力问题有深刻的理解。生活中，成千上万个苹果从树上掉下来，却很少有人能像牛顿那样发现伟大的定律。

人们总认为伟大的发明家研究一些伟大的事或奥秘，其实像牛顿以及其他许多科学家，他们都是研究一些极普通的现象。他们的过人之处在于能从这些人所共见的普遍现象中揭示其内在的、本质的联系，而这些都是凭着他们的全力以赴钻研得来的。只有这样为机遇做好了充分的准备，才能发现机遇，进而更好地抓住机遇。

所罗门说过："智者的眼睛长在头上，而愚者的眼睛是长在脊背上的。"心灵比眼睛看到的东西更多。有些人能够走上成功之路，不乏来自于偶然的机遇。然而就他们本身来说，他们确实具备了获得成功机遇的才能。

好运气更偏爱那些努力工作的人。没有充分的准备和大量的汗水，机会就会眼睁睁地从身边溜走。对于机遇，它意味着需要你忍受无法忍受的艰苦和穷困，以及献身工作的漫漫长夜，只有为从事的工作做好充分准备时，机会才会来临。

拿破仑·希尔说，任何人只要能够定下一个明确的目标，坚守这个目标，时时刻刻把这个目标记在心中，那么，必然会获得意想不到的结果。

在日常生活中，常常会发生各种各样的事，有些事使人大吃一惊，有些事却毫无惊人之处。一般而言，使人大吃一惊的事会使人倍加关注,而平淡无奇的事往往不被人注意,但它却可能包含着重要的意义。 一个拥有敏锐洞察力的人,他会独具慧眼,留心周围小事的重要意义。 人也不能把目光完全局限于小事上,而是要小中见大、见微知著,只有这样,才能有更多发现机遇的机会。

我们应当随时为机遇做好热身,努力向着自己的目标奋斗,为目标准备,才能够在机会来临的时候大显身手,否则在机会来临的时候自己手忙脚乱,或者不知所措,只能让机会白白地从身边溜走。 人不能躺在那里等待机遇,只有事先做好充分的准备,在机遇来临时才有可能抓住机遇,取得成功。

躺着思想，不如站起来行动

成功地将一个好主意付诸实践，比在家里空想出1000个好主意有价值得多。没有行动，再远大的目标只是目标，再完美的设想也仅仅是设想，要想使其变为现实，必须付出行动。

临渊羡鱼，不如退而结网。与其羡慕幻想，不如马上行动。有条件不做等于没有条件，没有条件可以在做的过程中创造条件。想法只有化作行动，才有达成愿望的可能，否则想法永远是想法。

从前有两个和尚，一个很有钱，每天过着舒舒服服的日子；另一个很穷，每天除了念经外，其他时间都得到外面去化缘，日子过得非常清苦。

有一天，穷和尚对有钱的和尚说："我很想去南海拜佛，求取佛经，你看如何？"

有钱的和尚说："路途那么遥远，你怎么去？"

穷和尚说："我只要一个钵、一个水瓶、两条腿就够了。"

有钱的和尚听了哈哈大笑，说："我想去也想了好几年，一直没成行的原因就是旅费不够。我的条件比你好，我都去不成，你又怎么去得了？"

然而，过了一年，穷和尚从南海回来，还带了一本佛经送给了有钱的和尚。有钱的和尚看他果真实现了愿望，惭愧得面红耳赤，一句话也说不出来。

我们并不能在行动之前把所有可能遇到的问题通通消除，但是我们可以在行动中克服各种困难。

正因为有不少人总想着等到有100%把握了才行动，反而陷入了行动前的永远等待中。有的人甚至连一个小小的愿望都要等到所有条件满足后才开始行动。人不可能等到所有条件都成熟后再行动，如果是那样，恐怕也就错过最佳的时机了。

正因为如此，很多人一辈子干不成一件事，永远处于等待中。只有那些想到就马上动起来的人，才是真正能改变现状的人。

美国成功学家格林在演讲时曾不止一次对听众开玩笑说，全球最大的航空速递公司——联邦快递（FedEx）其实是他构想的。

格林没说假话，他的确曾有过这个主意。20世纪60年代，格林事业刚刚起步，在全美为公司做中介工作，每天都在为如何将文件在限定时间内送往其他城市而苦恼。

当时，格林曾经想到，如果有人开办一个能够将重要文件在24小时之内送到任何目的地的服务，该有多好！

这个想法在他脑海中停留了好几年,他也一直经常和人谈起这个构想,遗憾的是,他没有采取行动,直到一个名叫弗列德·史密斯的人(联邦快递的创始人)真的把它转换为实际行动。从而也导致格林与开创事业的大好机会擦身而过。

　　可见,行动才是最终起决定性的力量,无论你的计划多么详尽、语言多么动听,你不行动,就永远无法达到目标。人一生中,有着种种计划,若能够将一切憧憬都抓住,将一切计划都执行,那么,事业上所取得的成就将是多么伟大!

吃得苦中苦,方为人上人

现在,很多人活得很累,过得也不快乐。其实,人只要生活在这个世界上,就会有很多烦恼。痛苦或是快乐,取决于你的内心。人不是战胜痛苦的强者,便是屈服于痛苦的弱者。再重的担子,笑着也是挑,哭着也是挑。再不顺的生活,微笑着撑过去了,就是胜利。

人生没有痛苦,就会不堪一击。正是因为有痛苦,所以成功才那么美丽动人;因为有灾患,所以欢乐才那么令人喜悦;因为有饥饿,所以佳肴才让人觉得那么甜美。正是因为有痛苦的存在,才能激发我们向上的力量,使我们的意志更加坚强。

瓜熟才能蒂落,水到才能渠成。和飞蛾一样,人的成长必须经历痛苦挣扎,直到双翅强壮后,才可以振翅高飞。

人生若没有苦难,我们会骄傲;没有挫折,成功后不再有喜悦,更得不到成就感;没有沧桑,我们也不会有同情心。因此,不要幻想生活总是那么圆满,生活的四季不可能只有春天。 每个人的一生都注定要跋涉沟沟坎坎,品尝苦涩与无奈,经历挫折和失意。 痛苦,是人生必须经历的一课。

因此,在漫长的人生旅途中,苦难并不可怕,受挫也无须忧伤。 只要心中的信念没有萎缩,你的人生旅途就不会中断。 艰难险阻是人生对你的另一种形式的馈赠,坑坑洼洼也是对你意志的磨炼和考验——大海如果缺少了汹涌的巨浪,就会失去其雄浑;沙漠如果缺少了狂舞的飞沙,就会失去其壮观;维纳斯如果没有断臂,那么就不会因为残缺美而闻名天下。 生活如果都是两点一线般地顺利,就会如白开水一样平淡无味。 只有酸甜苦辣咸五味俱全,才是生活的全部,只有悲喜哀痛七情六欲全部经历,才算是完整的人生……

所以,从现在开始,微笑着面对生活,不要抱怨生活给了你太多的磨难,不要抱怨生活中有太多的曲折,更不要抱怨生活中存在的不公。 当你走过世间的繁华与喧嚣,阅尽世事,就会明白:痛苦,是人生必须经历的过程!

敢于冒险的人生有无限可能

苹果电脑公司是闻名世界的企业。大家只知乔布斯是苹果电脑创办人，其实30年前，他是与两位朋友一起创业的，其中有一个叫惠恩的搭档，被人称为美国最没眼光的合伙人。

惠恩和乔布斯是街坊，大家都爱玩电脑，两人与另一朋友合作，制造微型电脑出售。这是又赚钱又好玩的生意，三个人十分投入，并且成功制造出"苹果一号"电脑。他们在筹备过程中用了很多钱。这三位青年来自中下阶层家庭，根本没有什么资本可言，大家四处借贷，请朋友帮忙，惠恩只筹得1/10的资本。不过，乔布斯没有怨言，仍成立了苹果电脑公司，惠恩也成为小股东，拥有1/10的股份。

"苹果一号"以660美元出售，原本以为只能卖出一二十台，岂料大受市场欢迎，总共售出150台，收入近10万美元，扣除成本及债务，赚了4.8万美元，惠恩只分得4800美元，但当时已是一笔丰厚的回报。不过，惠恩没有收到这笔红利，只是象征性地拿了500美元作为工资，甚至连那1/10

的股份也不要，急于退出苹果电脑公司。

苹果电脑公司后来发展成超级企业，惠恩当年就算什么也不做，单单继续持有那1/10的股权，今时今日，应该有数十亿美元的身价。事实上，乔布斯的另一位搭档，也是凭股份成为亿万富翁的。

为什么惠恩当年愿意放弃一切？原来他很怕乔布斯，因为对方太有野心了。后来他对媒体说："我为什么要马上离开苹果公司，要回500美元就算了？因为我怕乔布斯太过激进，日后可能会令公司背负巨额债务，那时我也要替公司背负1/10的责任！"转念间，惠恩错过了苹果公司的高额回报。

其实人世间好多事情，只要敢做，多少都会有收获。尤其是在困境中，如果能拿出视死如归的勇气，必能化险为夷，任何困难都将迎刃而解。

勇气是人生的发动机，勇气能创造奇迹，勇气能战胜一切困难。试想，如果我们事事都能拿出破釜沉舟的勇气和决心，世间还有什么困难可言！

PART 2

别再胡思乱想了，勇敢拼一把

强者绝不轻言放弃

衡量力量与勇气不能只看胜利和奖章，更重要的标准是克服的困难。真正的强者不一定是取得胜利的人，但一定是面对失败绝不放弃的人。

安德鲁·杰克逊的儿时伙伴都无法理解他为什么会成为名将，最终还能当上美国总统。他们认识的人当中，许多人比杰克逊更有才能，却一事无成。杰克逊的一位朋友曾说："吉姆·布朗和杰克逊住在一条街上，他不仅比杰克逊聪明，而且摔跤比赛中四场能赢杰克逊三场。凭什么杰克逊混得这么好？"

别人问："为什么会有第四场比赛？一般不是三局两胜吗？"

"的确，比赛应该结束了，但是杰克逊不肯。他从来不肯承认自己输了，一定要赢回来才算完。最后吉姆·布朗没了力气，第四场杰克逊就赢了。"

当你被摔倒在地，你会不会爬起来再战，直到取得胜利？

杰克逊拒绝接受失败，正是这种不屈不挠的精神造就了他日后的辉煌。

1882年，26岁的考拉尔来到斯特林镇，在一所学校当教师。考拉尔酷爱读书，但他发现，偌大的斯特林镇居然没有一家像样的、专门的书店，书只有在百货商店才能偶尔见到书籍。考拉尔灵机一动，自己为什么不开一家书店呢？这样既满足了自己读书的需求，赚了钱还可以补贴家用，何乐而不为？

考拉尔把自己的想法跟新婚妻子说了，妻子也非常赞成。于是没多久，考拉尔的名为"思想者"的书店就在斯特林镇开张了。

可是，书店的生意并没有考拉尔想象的那么好。连续几个月，书店几乎没有顾客。考拉尔安慰自己，毕竟书店刚开张，生意不好也是正常的，贵在坚持，几个月不行就坚持半年，半年不行就坚持一年，甚至两年，生意总有做起来的时候。即使亏了，反正自己也要买书看，就当是自己藏书了。

抱着这种想法，考拉尔坚持了下来。

可生意还是不景气，书店经常入不敷出。好在考拉尔和妻子都有一份工作，他们把大部分收入补贴到了书店里。很多人劝他们关门大吉。但这时，考拉尔的思想发生了巨大的转变，从原来单纯的经营，转变为传播文明而经营。他说："书店是一个城市文明的象征，是人们寻求知识的重要地方，不管书店生意如何，我都要永远开下去！"

考拉尔言出如山，一年又一年，他居然真的坚持了下来，即使在战争时期，在政局动荡时期，"思想者"依然坚持每天开门迎客。

1948年，考拉尔在他的书店里去世，享年92岁。考拉尔的孙子继承了书店。考拉尔临终前留下遗言："无论如何，都要把'思想者'开下去。"考拉尔的孙子遵从了祖父的遗言。好在那时斯特林镇改镇为市，人口越来越多，城镇面积越来越大，书店的生意还可以养家糊口。

"思想者"的辉煌出现在2004年。这一年斯特林市参加全球50个文明城市的竞选，在激烈的竞争中，斯特林市渐落下风。这时，有人向市长提到了"思想者"，市长眼前顿时一亮。当他把"百年老书店"的旗号打出去后，斯特林市果然过关斩将，不但入选，而且名次进入前十。

一时间，考拉尔和他的"思想者"名扬四海。来自世界各地的书友、游客以及信函纷至沓来。这时的"思想者"，不但是一家大型书店，而且成为一个著名的旅游景点，来这里的人都要买几本盖着"思想者"销售戳的书回去。"思想者"的年销售额已达几百万美元，为考拉尔家族带来了滚滚财富，这还不包括那些100多年前的全新的库存书——已经成为收藏家追捧的宝藏。

2006年，考拉尔的曾曾孙接手了"思想者"，他对书店100多年的经营做了详尽的调查统计。他发现，在考拉尔经营的66年间，赚钱的年份为9年，持平的年份为17年，其余的40年都在亏损。

考拉尔的曾曾孙动情地说："面对这样的经营，不知道有几个人能够坚持。我无法想象曾祖是如何度过那段岁月的，就像他绝对没想到今天他的书店会发财。事实上,他只是在一个思想贫瘠的时代,为文明而苦苦地坚守着!"

世上的事情都是如此,只要方向对了,不管期间的经历有多么艰难和不顺,都要坚持下去,往往再多一点努力和坚持便可以收获到意想不到的成功。所以无论何时,我们都应该信心百倍地去全力争取人生的幸福和成功,坚持到底,绝不轻易放弃。

决心取得成功比任何一件事都重要

　　下决心是一种运用能力的过程，是一个人综合素质的折射。一个人能否成功，很大程度上取决于自己的决心。抓住机遇，下定决心，离成功就不远；优柔寡断，踌躇不决则会错过良机，与成功失之交臂。

　　有人曾经对许多遭受失败和获得成功的人分别进行分析，发现在做事过程中，因犹豫不决或没有下决心而失败的人占很大比例。而相当一部分成功者，其最优秀的品格之一就是遇事果断坚决，敢于下决心，最终把握住了机遇，从而获得了成功。

　　按照弗洛伊德的理论，人生来就有"做伟人"的欲望。人为成功而来，也为成功而活，但"想成功"与"要成功"却是有着天壤之别。所以，我们在生活中会看到很多人都在说"我很想成功"，但没有看到他们真正地下决心。要知道，成功不是喊出来的，也不是写出来的，成功是下决心做出来的！

很多想成功的人，对成功只是存在一种向往或一种侥幸心理，他们的目标要么游移不定，要么好高骛远、不着边际，因而很难整合现有资源，很难有计划和方法；要么迟迟不行动，要么行动不坚决、不彻底、不持久，一遇挫折，立即为自己找个"本来就是想想而已"的借口，下台了事。

下定决心，不仅能体现一个人果决的勇气、决断时的自信、坚定不移的志气，更会锻造出自己的魅力，从而赢得他人的信任。只有下定决心的人，才会在成功的路上不断地检讨自己，改变自己，创造条件，适应环境要求，才能获得深刻的驱动力，而不顾任何艰难险阻，义无反顾，锲而不舍，持之以恒。

世界顶级的推销员与培训大师汤姆·霍普金斯曾告诉他的学员："成功有三个最重要的秘诀，第一个就是下定决心；第二个还是下定决心；第三个当然还是下定决心。"

这是霍普金斯之所以成功的经验之谈，因为就在他刚刚进入推销行业的时候，常常害怕敲别人家门或跟陌生人谈论产品时被拒绝，业绩一直无法实现突破。直到有一天，他上了一个课程，在课堂上老师告诉他："下一次还有一个课程非常棒，那个课程可以帮助我们激发所有的潜能，让自己能够成为顶尖人物。"

霍普金斯说："我很想听下一个课程，但我没有钱，只能等我存够了钱再上。"这时候老师却对他说："你到底是想成功，还是一定要成功？"他回答说："我一定要成功。"老师又问："假如你一定要成功的话，请问你会怎么处理这件事？"于是霍普金斯回答："我会立刻借钱来上课。"

从此，霍普金斯发现了自己一直业绩平平的原因，那就是自己从来没有真正地下过决心。于是在下一次推销之前，他从公司里找了一位同事并带他下楼，他对同事说："你看着，假如我无法向对面那个陌生人推销产品的话，我走过马路就被车撞死给你看。"

他说完这句话的时候，脑海里一片空白，根本不知道自己即将如何推销。但他还是硬着头皮走过去，开始与陌生人交谈，于是他使出了浑身解数向那位陌生人推销产品，经过20分钟的苦口婆心之后，不可思议的事情发生了：他终于卖出了产品！

后来，霍普金斯在分析他的人生是怎么改变的时候，发现答案只有四个字，那就是"下定决心"。

所以，人生从你下定决心的那一刻就已经开始改变，你所做出的任何一个决定都决定着你的人生。

自信能使一个人征服他相信可以征服的东西

自信能引爆年轻的力量，希望能诠释年轻的真意。充满自信与希望，每个人都能把握未来。

所以，对于年轻人，自信和希望很重要。只有自信，才有勇气对未来的生活充满希望和憧憬，也只有这样，人生才会丰富而充满激情。

"自信和希望是青年的特权"，我们应该好好地去享受这份特权，应当摒弃自卑与懦弱的性格。年轻人，要用足够的时间去做自己想做的事情，要用足够的精力与自信去实现自己的目标和希望。这就是年轻人的特权，把握住这种独特的优势，不灰心，不退却，前途必然无比明亮。

希望必然由自信带来，所以年轻人学会自信是首要的事情。

一些年轻人之所以缺乏自信，甚至自卑，就在于对自己有过高的、不切实际的期望。有了愿望却总是无法实现，有了目标却总是达不到，这样就会一次次地打击信心，甚至迁怒于别人，怨恨社会。事实上，只要降低期望，把目标定得切合实际，多几次成功，就能够将心态纠正过来。

自信需要不断地实践，并从实践中获得积极的反馈。

自信在于准备充分。心里没底，当然难以积聚信心。准备包括情况的了解、知识的积累、特征信息的收集以及必要的计划、物质准备。但是，高明的人往往在前景不明朗、准备不充分的情况下也能够积聚信心，积聚力量，并表现得信心十足，充分地感染别人，让大家同心协力，共渡难关，突破瓶颈。

生活是个两面体，站在一个视点我们可以看到它的阴暗面；站在另外一个视点，又能看到它积极向上的灿烂一面。

当你因触及生活的阴暗面而感到灰心泄气的时候，请记住这样一句话：我还年轻，我有自信，有希望——这是我的特权！

顽强能创造令人难以想象的奇迹

顽强不等于顽固,它因"顽"而"强"。"顽"是一种执着,一种坚定的信念,一种不达目的誓不罢休的决心和勇气,"强"是"顽"的效果表达,是我们生存和发展的必备条件。

只有顽强的人,才会对自己的行为动机有清醒而深刻的认识。只有顽强的人,才能在复杂的情境中,冷静而迅速地做出判断,毫不迟疑地采取坚决的措施和行动。也只有顽强的人,在碰到挫折和失败的时候,会主动调节自己的消极情绪,控制自己的言行,不灰心、不丧气、不焦躁;面对成功和胜利的时候,不骄傲、不自满。

在很多情况下,我们与成功无缘,并不是我们不聪明,而是缺乏顽强的意志。顽强的意志不但能帮助我们走出失败的阴影,更能帮助我们养成良好的习惯,实现人生的目标。顽强的妙不可言之处就在于它能激发人的潜能,促使人创造超乎自己想象的业绩。

海伦·凯勒的事迹正说明了这一点，她看不见东西，听不到声音，但一生中做了许多事情。她的成功给其他人带来了希望。

海伦·凯勒于1880年6月27日出生在美国亚拉巴马州北部的一个小镇上。在一岁半之前，海伦·凯勒和其他孩子一样，她很活泼，很早就会走路和说话了。但在19个月大的时候，她因为一次高烧而导致失明及失聪。从此，她的世界充满了寂静和黑暗。

从那时起到7岁前，海伦只能通过用手比画来进行交流，但是她学会了在寂静黑暗的环境中怎样生活。她有着很强的渴望，她自己想做什么，谁也挡不住。她越来越想和别人交流，用手简单地比画已经不够用了。她的内心深处有一种什么东西要爆发，因为她的举止已难以让人理解。当母亲管束她时，她会哭叫喊闹。

在海伦6岁时，父亲从波士顿的珀斯盲人研究院请来了一位女老师，名叫安妮·沙利文。海伦·凯勒就是在这位令她终生难忘的老师的指导下，凭借着自己顽强的毅力，学会了手语，学会了说话，学会了多门外语，并在哈佛大学完成了自己的学业。但海伦认为，这些只不过是她许多成功的开始。

就在自己的老师去世后不久，海伦·凯勒跑遍美国大大小小的城市，周游世界，为残障的人到处奔走，全心全意为那些不幸的人服务，最终成为一位世界知名的残障教育家。

海伦·凯勒终生致力服务于残障人士，并写了很多文章，其中《假如给我三天光明》是最著名的一篇。

命运虽然给了海伦·凯勒许多不幸,她却并不因此而屈服于命运。她凭借着自己顽强的毅力奋勇抗争,最终冲破了人生的黑暗与孤寂,赢得了光明和欢笑。美国《时代周刊》评价海伦·凯勒为"人类意志力的伟大偶像"。

海伦·凯勒的成功让我们认识到顽强的意志对于一个残疾人的意义。其实,很多人只比海伦·凯勒少了一种不屈不挠的骨气,少了一种持之以恒的耐力和一种顽强不屈的意志力。他们不明白,人生永远都是困难重重,只有具有顽强意志的人才能成功!

进取心是不竭的动力

永不知足是要求自己上进的第一步，是让自己不满足于停留在现有的位置上。永不知足可以帮助你迈出关键的第一步。

比尔·盖茨对年轻人说得最多的一句话就是"永不知足"。他之所以会取得如此大的成功，就是因为他不满足于所取得的成绩，不断进取，始终激励自己向前，最后终于实现了自己的理想。

新闻界的"拿破仑"——伦敦《泰晤士报》的大老板诺思克利夫爵士，最初每月只能拿到80元报酬，那时他对自己的处境非常不满。后来，《伦敦晚报》和《每日邮报》皆被他收购的时候，他还是感到不满足，直到他得到了伦敦《泰晤士报》之后，才稍稍觉得有点儿满足。

就算成了《泰晤士报》的大老板，诺思克利夫爵士还是不肯善罢甘休，他要利用《泰晤士报》揭露官僚政府的腐败，打倒几个内阁，推翻或拥护几个内阁总理，而且不顾一切地攻击昏迷不醒的政府……由于他的这种大胆的努力，提高了不少国家机关的办事效率，在某种程度上还改革了英国的制度。

不管你目前的职位有多高，都不要满足于现状，应该告诉自己："我的职位应在更高处。"

强烈的进取心从不允许我们休息，它总是激励我们为了更美好的明天而奋斗。

百年哈佛主张这样的人生哲学：信心和理想乃是人们追求幸福和进步的最强大推动力。

进取心是激发人们抗争命运的力量，是完成崇高使命和创造伟大成就的动力。一个具备了进取心的人，就会像被磁化的指针那样显示出矢志不移的神秘力量。

人生的进步与成功，正是有了进取心和意志力——这种永不停息的自我推动力，才激励着人们向自己的目标前进。这种激励是人生的支柱，为了获得和满足这种需要，我们甚至愿意以放弃舒适和牺牲自我为代价。

向上的力量是每一种生命的本能，这种东西不仅存在于所有的昆虫和动物身上，埋在地里的种子中也存在着这样的力量，正是这种力量刺激着它破土而出，推动它向上生长，向世界展示美丽与芬芳。这种激励也存在于我们人类的体内，它推动我们去完善自我，去追求完美的人生。

过去的历史并不重要，重要的是现在与将来

不论过去的我们有着如何不堪的经历，上帝依然爱我们，因为他给予我们的每一天都是崭新的一天。

新泽西州的一座古老小镇上，一座教学楼最里面一间光线昏暗的教室里，26个孩子被分在同一个班。这些孩子都有过不光彩的历史：有人进过管教所，有人吸过毒。家长对他们束手无策，老师和学校也几乎对他们失去了信心。

这时候，一个叫腓娜的女教师被安排担任这个班的辅导员。新学期开学头一天，腓娜没有像以前的老师那样首先对这些孩子训斥一顿，给他们来个下马威，而是给孩子们出了一道题：

有这样三个候选人，他们分别是——

A：迷信巫医，嗜酒如命，身有残疾，还有多年的吸烟史。

B：曾经两次被从办公室赶出来，每天要到吃午饭时才起床，每个晚上都要喝将近1升的白兰地，而且曾经吸食过

鸦片。

C：曾获国家授予的"战斗英雄"称号，有良好的素食习惯，有艺术天赋，偶尔喝点儿酒，青年时代从没做过违法的事。

腓娜给大家的问题是：

"倘若我告诉你们，在上面这三人中间，有一位会成为名垂青史的伟人，你们认为最可能的是谁？猜想一下，这三个人将来可能会有怎样的命运？"

对于第一个问题，可以想象，孩子们一致把票投给了 C。第二个问题，大家也几乎一致认为：A 和 B 将来肯定不会有好的结局，要么成为人人唾弃的罪犯，要么成为需要社会照顾的寄生虫。而 C 呢，必定是一个品德高尚的人，肯定会成为伟大的人物。

然而，腓娜的答案却大大出乎孩子们的意料。"你们的结论也许符合一般的判断，"她说，"但实际上，你们都错了。这三个人大家都不陌生，他们是第二次世界大战时期三位大名鼎鼎的人物——A 是富兰克林·罗斯福，他身残志坚，是美国历史上唯一一位连任四届总统的伟大人物；B 是温斯顿·丘吉尔，是拯救了英国的著名首相；C 的名字同学们也很熟悉，他是阿道夫·希特勒，一个夺去了几千万无辜生命的法西斯头目。"孩子们都听得目瞪口呆，简直不敢相信自己的耳朵。

"孩子们，"腓娜继续说，"你们的人生才刚刚迈出第一步，过去的错误和耻辱只能说明过去，真正能代表人一生的，是他现在和将来的作为，没有人会是完人，连伟人也会犯错。

走出旧日的阴影吧，从今天开始，努力做自己最想做的事情，你们都将成为人人景仰的杰出人才。"

腓娜的这番讲话，使26个孩子一生的命运得以改变。多年以后，这些孩子都长大成人，他们中有的做了法官，有的做了心理医生，有的当了飞机驾驶员。值得一提的是，当年班里那个最爱调皮捣蛋的小个子罗伯特·哈里森，后来成了华尔街最年轻的基金经理人。

"原来我们都觉得自己已经无药可救，因为几乎所有人都这样看我们。是腓娜老师第一次让我们认清一点：过去并不是最重要的，重要的是如何把握现在和将来。"孩子们长大后这样说。

命运并非机遇，而是一种选择。我们不该期待命运的安排，必须凭自己的努力创造命运。

永不知足才能与成功握手

蔡志忠说:"我用10年的时间名满天下,赚了1000万元。倘若重新给我选择的机会,我只用这10年去看看高山,听听流水,别的什么也不做。"王蒙说:"我更倾向未成名前简简单单的读书生活。"体验了世间百味,经历了无数荣誉与挫折,阅尽了天下事,成功之后总要归于平淡。

然而,更多的人并没有成功过,却也叫着平平淡淡才是真,这就有点儿自欺欺人了。不成功却喊着追求平淡,其实是无能的一种托词。每个人来到世间时只是一张白纸,而后漫漫岁月,他所做的一切便是尽可能地为这张白纸增添色彩,一幕绚丽的彩画才是我们最圆满的结局。那些饱尝世上滋味的成功者早已将他的人生画卷涂抹得色彩斑斓,他们归于平静的原因只是想静下心来做一些最后的修改。或许是真的有些倦了,一旦休息,他会觉得很惬意,于是便说出了上面的话。但是倘若真的让时光倒转,大概蔡志忠依旧会不懈地画他的漫画,王蒙仍然会不倦地做文章。

将生活变得更丰富，更有意义，更有价值，体验成功的喜悦，这是每个人最基本的愿望。

虽然成功意味着拼搏，意味着超人的付出，意味着这样或那样的代价……但只有这样，我们才能真正体验到生活的原味，才能使生活中的甜愈甜、苦愈苦、涩愈涩，才能真正地了解生活。

中国有句古语"知足者常乐"，这句话用在养生上尚有一定道理：你看，知足常乐，常知足就常常乐，常常乐就常知足。天天乐呵呵的人，身体自然好。但这句话用在人的发展上，却是大大的谬误。因为知足，人们容易满足现状，小富即安、不思进取；因为知足，人们便很容易放弃拼搏与努力，也就失去了继续攀登高峰的动力，不求上进。

克利夫兰曾两度出任美国总统，可他刚开始时只不过是一名商店的售货员，如果当时他满足于现状，以为当好一名站柜台的售货员能够养家糊口便足矣，那么他不可能成为美国总统。

世界钢铁大王安德鲁·卡内基出身贫寒，他刚进入企业界时只不过是一名锅炉工，如果他仅仅满足于烧好锅炉，当好锅炉工，那他至多不过是一名称职的锅炉工，不可能成为世界钢铁大王。

福特是一名农庄主的儿子，父亲希望他成为一名农民，然而不满足于现状的他却身无分文地跑到了城市里闯世界，经过一番拼搏，终于创立了他的福特王国。

奥里森·马登说过："如果一个青年的境遇不逼迫他工作，让他感到生活上的不满足，那么他就不会再努力奋斗。"

大凡成功人士，无不从不知足开始起步。人生对他们来说就是攀登一个又一个高峰，实现一个又一个目标的过程。

福特就是一个永不知足的人，在他的领导下，福特汽车不断进行技术创新，开创了福特汽车王国。

在汽车制造史上，流水作业是工业生产的一项创造性的革命，它是提高生产速度的必由之路，也是福特创造性的眼光带来的飞跃。

福特对汽车制造永不满足，在短短的几年时间里，福特不断改进设计，先后生产出 A、B、C、F、K、N、R、S 八种车型，从两缸到六缸，从八马力到四马力，从有篷到无篷，可以说是做了很大的努力。

当时，福特汽车的质量已经达到一定水准，但是，福特并未陶醉于已经取得的成功，他的追求是无限的。

有一天，福特告诉下属："我在想汽车生产的规格化、标准化……"

"什么是规格化、标准化？"

"如果福特汽车外形、颜色完全统一，这样，买主维修、保养就方便多了，他们也会愿意买我们的车。"

福特不久又有了新构想，他说："公司只是等顾客上门或是由人员销售，市场有限得很，我们可以通过邮局开展邮购业务……"

订单不断地涌来，有时一天就接到 1000 多份订单。订单之多不仅使销售人员招架不住，生产人员也撑不住了。

仅仅一年时间，T 型车就销售 6000 辆，除去一切宣传费用，净利比过去五年还高出 200 余万元！

福特汽车到了供不应求的地步，如果再原地踏步，就无法适应新的市场需求。

福特决定扩建工厂，他在底特律海兰德公园购买了一块60英亩的土地，由年轻有为的建筑设计师阿尔巴顿·康负责设计工作。福特指示：新厂房要设计成屠宰业生产线的模式，实行流水线作业。

工厂建成以后，工人的生产速度大为增加，福特创造了93分钟生产一辆汽车的新纪录。新厂房竣工之际，由于T型车销售量成倍地增长，只好又把新厂扩大了一倍。T型车自1908—1927年20年间，一共生产了1500万辆，曾一度占领了68%的世界汽车市场。

福特被视为卓越的成功者，他也为自己的成功感到无限喜悦，但他并不满足于此、陶醉于此，他从自己的成功经历中悟出"不停追求，才能不断进取"的真谛。福特迅速成功地进行了从技术设备到员工管理的工业生产革命，从而使他的名字响彻全球。同时，他在汽车界的影响范围无限扩大，他几乎成了业界的典范人物。

永不知足，人们才会在实现或达到一个目标后，给自己制定下一个更高的目标，这样才能拥有不畏艰难敢于拼搏的不竭动力，使成功成为可能；永不知足，人们才会在近期目标达到之后，为自己再制订下一个远期的、更高的目标。永不知足的人，其意志、品格、力量和决心在不断的拼搏和奋斗中，得到了不断的锻炼和升华。

永不知足是否定现状，不拘泥于旧事物的约束，勇敢地追求更美好的未来。只有永不知足，才能与成功握手。

PART 3

所谓的深思熟虑,只是因为你不够自信

成功的敌人是自卑,生命的绞索也是自卑

性格的严重偏差就是自卑,表现为对自己的能力、品质评价过低,同时可伴有一些特殊的情绪体现,诸如害羞、不安、内疚、忧郁、失望等。 总之,失败是人产生自卑最根本的原因,如果一个人经常遭到失败和挫折,其自信心就会日益减弱,自卑也会与日俱增。 自卑的产生会抹杀掉一个人的自信心,本来很有能力的人,却因怀疑自己而失败,显得处处不行,处处不如别人。 因为自卑往往对生活和工作产生很大影响,所以给人的心理、生活带来的不良影响亦很大。

在生活中,挫折不可避免,面对挫折的时候,人们一般会悲观地怨天尤人,特别是性格内向的人,稍微受挫就会给其沉重的打击,从而形成严重的自卑心理。 当人面临一种新局面时,大多会自我衡量是否有能力应付。 性格内向的人对自我的认识不足,总是认为自己不如别人,这种悲观的心理对于自信心是很大的打击,使人产生心理负担,限制能力的发挥,工作效果相对不佳。 而且这种情况还容易形成恶性循环,使人的自卑感越来越严重。 在生活中,人们常常比收

人、比学历，甚至比相貌，这些事都在或明或暗地进行着，更有一些人竟然把这些东西当作另一种认识自己的方法。还有些人身陷其中，总是拿自己的短处比别人的长处，结果越比越觉得自己不如人，越比越泄气，最后想不自卑都难了。

通俗地说，自卑的人一般瞧自己都不太顺眼，总觉得自己矮人一截。当然，这种"不顺眼""矮一截"都是以别人为参照对象的。"我皮肤黑"，是与别人相比起来黑；"我个头矮"，是相对于高而言的；"我的眼睛小"，正是因为世界上有许多大眼睛的人，才衬托出了眼睛"小"。这些和别人不一样的地方就摆在那里，让你藏不了、躲不了、否认不了，于是导致你产生了自卑的心理。

奥地利著名心理分析学家A.阿德勒在《自卑与超越》这本书中提出了有创建性的观点，他觉得人类的所作所为都是出自"自卑感"以及对于"自卑感"的克服和超越。

阿德勒认为，人人都有自卑感，只是有的人程度深，有的人程度浅而已。从环境角度看，个体对自己的认识往往与外部环境对他的态度和评价紧密相关，这个观点早已被科学家所证实了。假如一个人的书法写得很不错，但如果所有他能接触到的书法家和书法鉴赏家都一致对他的作品给予否定评价，那么就会导致他对自己的书法能力产生怀疑，从而产生自卑心理。从主体角度来看，环境因素与自卑的形成有着密不可分的关系，但其最终形成还要受到个体的生理状况、能力、性格、价值取向、思维方式及生活经历等个人因素的影响，尤其是童年的经历对其影响颇深。弗洛伊德认为，童年经历不幸的人更易产生自卑。我们都有过这样的体验：孩提时，觉得父母都比我们大，而自己是最小的，要依靠父母；另一方面，父母也会强化这种感觉，令我们产生了自己需要依赖别人的感觉，从而产生了自卑。

在生活中，有没有人愿意成为一个自卑的人呢？肯定没有。每个人在生活中都不会说自己是自卑的，这表明他知道自卑不是一种良好的心态。我们希望把自卑从内心深处拔出来，扔得远远的，从此挺胸抬头。因此，我们要下定决心做自己，一个人一旦找到了自我，就会抛开所有的不幸。

李克曾经是个自卑的人，但是自从他从事心理工作开始，就变得越来越自信了，这一点，可以从他参加会议时坐的位置得到证实。以前，他总是默默地躲在角落里，即便对某些问题有看法也不敢轻易发言；而现在，他总是坐在最前排，假如对某个问题有自己的看法，他就马上发表不同意见。这种变化归功于心理咨询，他在为别人排解心理困扰的同时，自己也获得了观察、了解、认识人的许多新角度和新方法，从而使他更加了解自身的价值。

小女孩兰妮的故事给了我们很大的启示：自卑都是自找的！

兰妮因为耳朵上的小孔十分自卑，于是去找心理医生咨询。医生问她那个小孔有多大，别人能看出来吗？她说只要梳着长发，就能把小孔遮盖住，那是一个很小的孔，能穿过耳环，但是不在戴耳洞的位置上。

医生又问她："这个真的很重要吗？"

"哦，我比别人少了块肉嘛，我感到十分自卑！"

现实生活中存在着许多"兰妮"，这种人因为某种缺陷或短处而特别自卑。把这些缺陷或短处集中起来，几乎无所不包，诸如高矮胖瘦、皮肤太黑了、汗毛太粗了、嘴巴大、眼睛小、头发黄、胳膊细等,这些都能使人产生自卑感。

当我们把目光从自卑的人身上转到那些自信的人身上时,就会有新的认识:并不是上帝对他们宠爱有加,让他们成为完美的人。如果用"耳朵上的小孔"这样的尺度去衡量,其实他们也有很严重的缺陷。拿破仑的矮小、林肯的丑陋、罗斯福的瘫痪、丘吉尔的臃肿,哪一条不比"耳朵上的小孔"更令人觉得懊恼?

自卑的人总是特别"善于"发现自己的缺陷、短处和生活中不利于自己的方面,然后放大他们的缺陷,结果吓坏了自己——既然自己如此糟糕,用什么来和别人抗争呢?为了保护自己不被可能遭受的失败打击,他们躲避竞争、回避交往,因此白白浪费了很多机会。不断遭受的挫折似乎在证明:你看,其实你就是不行的。

恶性循环往往就是这样形成的。要想变得有自信,就必须让自卑感消失,但"打破"需要有点决心和勇气,同时还要讲究科学方法。若让一个很自卑的人做他根本无法完成的事情,就只能增加他的焦虑。

"打破"是一个从认知到行为的过程,如果没有认知上的改变,就无法在行为上得到真正的改变;如果没有行为上的突破,自然就不能寻求新的改变。

自卑是心理上的一道无形门槛,对你的快乐是一种妨碍。它犹如一扇关着的窗,阻挡阳光照进屋里,如果你想让屋子明亮,那就要打开这扇窗,让阳光温暖你屋子的每个角落。

对严重的自卑倾向要保持警惕

生活中,许多人都有一定的潜能甚至才能,只不过他们对自己的认识不够清晰,总是认为自己没有任何长处,自己瞧不起自己,在这种负面的暗示下,以至于在无形中错失了一次次原本可以成功的机会。非但如此,他们还因此而每天惶恐不安、意志消沉,自觉生活在灰暗的天空下,以至于没有了生活的热情,没有了自己的喜好,食欲越来越差,交往逐渐减少,走向孤僻、自闭、沮丧、失望的境地,以至于拖垮了自己的身体。

自卑是一种不良的情绪,尤其是过多地与他人进行不科学的比较而产生的自我否定、自惭形秽的情绪体验,其危害非常大。

晓梅在一所高校上学,她觉得自己的周围全都是俊男靓女,而自己却是个丑八怪。由于自惭形秽,她不愿与人交往,特别自闭,成了一个朋友也没有的孤家寡人。

晓梅家在乡村,可是班里的同学却大多数都来自城市。

每当同学们谈起城市的生活，谈起吃穿玩的东西时，她就会认为同学是在暗讽她。为此，她暗地里恨这些同学，并嫉妒他们，心中总是对同学们充满了怨恨。

自卑源于对自己失去了客观准确的评价。自卑的人总是把自己看得一无是处，又唯恐周围的同事、同学也同样看轻自己。因此自卑的人非常敏感，畏缩退却，言行失当。正如一句俗话所说，其实自卑的人是最难相处的。

自卑的人由于不能接纳自己，因此对自己的缺点耿耿于怀。只看缺点的态度使其在看待他人时，对待其他人的闪光点非但不屑一顾，反而很容易轻视、贬低、仇视他人。自卑者对自己的缺点很在乎，因而对其他人身上与自己相同的缺点也很"上心"。心理学研究表明，具有相同缺点的人很容易厌恶对方。当你认真观察使你讨厌、反感的人时，一定会意外地发现那个人的缺点与你十分相似，其实你们真的太像了，专横自私的人讨厌专横自私的人，虚张声势的人对虚张声势的人也本能地抱有敌意。因为对方做的讨厌的事情像一面镜子一样展示在你的面前，把你不愿正视的某些缺点清晰地呈现出来了，因此让你觉得特别不开心。

洪娟和同桌灵霞都不自信，都很直接又不会和别人相处，都太神经质而过于敏感，所以就容易相互厌烦、对立。

不自信的人往往敏感多疑。从心理上说，敏感的人大多数都缺乏安全感。一个人若老是担心自己在人际环境中处于十分危险的边缘，如被抛弃、戏弄、利用等，就难免疑神疑鬼。这种担心源自哪里呢？主要是不自信。人一旦不自信，就会觉得自己能力不行、缺乏魅力、低人一等，那么他必然担心别人看不起自己,所以对别人也就没有信任可言。这种对他人的"信任危机"其实就是太缺乏自信而产生的。当你不信任自己的价值、能力、魅力等因素时,就别期盼别人会尊重你了。人家本来一个很正常的举动,你会往歪里想,琢磨对方是不是有捉弄、歧视自己的意思。这就相当于公然让自己与别人为敌,自演一些悲惨可怜的角色。

严重自卑是人的性格缺陷。心理学家认为,自卑和童年时的无助和无能有很大的关系。随着年龄的增长,这种感觉若不尽快去除,那么自卑就会马上形成。一般来说,如果你有下列的行为征兆,就一定要及时关注、克服、纠正,必要时可以请教心理专家:

1. 对待批评特别敏感

特别自卑的人会经常出现不安、焦虑、恐惧等不良情绪。他们往往不能接受消极、过低的评价,从而出现一种对自己过度的病态保护。对别人的言行会做出不正常的反应,既可能极度生气,也可能特别消沉低迷。

2. 对表扬过度反应

自卑的人总感到自己不合格,但是又期盼自己能够表现出众。他们总是用过激的方式求得别人的夸奖,因为这样可以减轻他们心灵深处因自卑而遭受的折磨。

3. 对竞赛的回避反应

自卑的人在竞赛场合、考试中,总是希望自己可以获得荣誉，可是又觉得自己什么都不行，认为自己肯定不会成功。因此，这样的人总是尽量躲避竞赛场合。

4. 对别人轻视嫉妒

自卑感强的人其内心总是觉得自己比别人矮那么一节，但为了减轻自己的心理压力，常会贬低别人。

5. 对自身的攻击

表现为自暴自弃、破罐子破摔，完全不把自己当回事，甚至将自己置于危难之中。如果受到责备，他们常以"我本来就不如人"的自我形象作为挡箭牌。

轻装上阵，不可做负重前行的蜗牛

蜗牛是最累的生物，因为它们背负着自己的所有负担。不要让自己变成蜗牛，背着沉重的自卑心理前行。自卑与自信其实没有本质区别，理由很多，只是决定权取决于你而已！丑小鸭变成白天鹅的秘密就在于它们敢于挑战，敢于战胜自己。

自卑的人都无法走向成功的大门。风靡一时的韩剧《大长今》里就讲述了这样的故事：

豪门的后代今英面对不如自己的长今没有自信：长今发明用矿泉水做冷面汤获得了皇上的赞赏，今英就用矿泉水做腌菜；长今发明用木炭去除酱的杂味，今英就用木炭去除陈米的异味。今英之所以受到表扬，就是因为依托在长今的智慧之下，甚至当长今失去味觉，靠触觉与视觉做料理时，今英居然也不长脑地去学。

今英的这种做法就是忽视自己的能力，自卑心理使然。正是这种自卑心理，使今英最终走上了失败之路。

自卑的人不敢尝试，假如别人给他们一次机会，告诉他："你也试一试吧！"他们十有八九会把脑袋摇得像拨浪鼓："哟，我不行！我不行！我不行……"拴在这种自卑的心态之下，这些人无论走到哪里都将郁郁不得志，绝对不可能实现自己的梦想。

常胜刚进入一个公司做工程师，因为在工作能力和待人接物方面表现得不错，他受到了上级的充分肯定。这时，恰好公司有个部门主管离职，老板在再三思考下，准备提拔常胜做主管，于是找常胜谈话征求他的意见，询问他有没有信心胜任主管的工作。

面对老板殷切的眼光，常胜心里慌了，觉得其实主管并不是什么好差事。他找借口说自己以前没当过领导，没有管理经验，当了主管压力会很大，认为自己没有那么大的能力接管这份工作。老板见常胜没有信心，失望之余便在公司里选拔了另一位对主管岗位满怀信心的人。最终，主管名单公布的时候，常胜肠子都悔青了，原来提升的那个人经常在一些工作问题上向他请教。如果不谦虚，自信一点，这次的差事就非常胜莫属了啊！

微微是广州一家贸易公司的普通职员，在公司待了相当长的一段时间，一直属于那种无人关注的小角色。不过，因为做事认真负责，她还是得到了上司和同事的肯定。后来，微微在公司的一次重要谈判中起到了关键作用，得到了老板的赏识，职位上升了，还涨了工资。微微很高兴，可是这种高兴的状态并未维持太久，她就变得忧心忡忡。

原来，在微微升职的消息传出后，公司一时间流言四起，议论微微的学历、能力都不高，认为她是因为和上司不清不楚的关系才会在工作上春风得意；甚至还有人说，微微这次在谈判中起到作用只是走狗屎运而已，其实她没有任何能力。流言传到耳中，让微微在气愤之余，却也无可奈何，她一介弱女子，又有什么办法呢？

仔细一想，她竟然觉得流言还真是那么回事，自己有什么真本事呢？论学历，公司里高学历的人有好几位；论能力，其实自己还真没有什么才华；论资历，自己到公司时间还不长……所以，没准儿上次表现突出真的是因为自己的运气好吧！

就这样比来比去，微微心虚起来。在这种自卑的心态下，微微的心里产生了阴影，在公司其他同事面前，或随声附和，完全没有了自己的想法；或口吃结巴，难以准确、主动地表达自己的意见。

微微这种人就是典型的极度自卑的人。自卑的人，老是觉得自己不如别人，把诸如"我不行""别人会怎么看我呀""我没希望""我已经尽力了，但是没有办法"之类的话语挂在嘴边，结果使自己一事无成。

运用恰当的方法化解自卑

电影《阿甘正传》里阿甘的智商在正常水平线之下，但是他却奇迹般地完成了很多事情。是他太幸运了吗？不，重要的是，当他知道要"跑"的时候，他会永不停歇地向着终点跑去。可能你再也找不到比阿甘更自卑的人了，和他比，你还有什么理由自卑呢？相信你也能被阿甘鼓舞，飞向更宽广的舞台。

一个人若被自卑感所控制，那么他的生活将不堪一击，所以说，自卑是束缚快乐的绳索。每个经历职场的人可能都有过似曾相识的感觉：刚进入办公室的门，心里紧张兮兮的，特别是面对领导的时候，手心紧紧地握了一把汗，在后来的历练中，风风雨雨地过来了，最初的紧张渐渐被成熟代替。所以说，要想和自卑说"拜拜"，关键在于善于运用调控的方法提高自己的心理承受力，让它从心理上真正地被克服。

其一，全面、辩证地看待自身情况和外部评价

就算有人可能是十分完美的人，也不会全知全能。人

的价值追求主要体现在通过自身的努力达到力所能及的目标，而不是刻意地追求所谓的完美。对自己的弱项或遇到的挫折，持理智的态度，既不自欺欺人，也不觉得这是多么了不起的事情，而是以积极的方式应对，慢慢就会让自卑远离自己。

其二，把重心放在自己热爱的事情上

充分让自己得到满足感，并通过致力于书法、绘画、写作、制作、收藏等活动，让自己的自卑感得到缓解，同时缓解心里的压力和紧张。

其三，自己要奋发向上

以某一方面的突出成就来补偿生理上的缺陷或心理上的自卑感。人之所以自卑，就是因为充分认识到了自己的不足，这样一来，就需要设法予以补偿。强烈的自卑感会让我们在其他方面有超出别人的发挥，这就是心理学上的"代偿作用"，即通过补偿的方式扬长避短，把自卑感变成前进的动力。耳聋的贝多芬，成为划时代的"乐圣"；少年坎坷艰辛的霍英东，没有实现慈母的期望成为一代学者，却在商界大展宏图。很多人都是在弥补不足的时候变成佼佼者的。

以下是几种比较有效和便捷的克服自卑的方式，对那些在职场中处于自卑状态的人或许能起到作用：

1. 突出自己，挑前面的位子坐

你是否注意到，在单位开会或其他类型聚会的时候，后面的座位总是比前面的座位先坐满，而前面的位置常常没有人坐。原因很简单，很多人都抢后面的座位，都不希望自己太显眼，不敢接触领导的目光，这其实是对自己缺乏信心的表现。那么，从今天开始，无论在什么场合，都请你尽量坐到前面，并把它作为一种习惯，勇敢地接受大家的注目。只有这样，才能改变害怕领导和上司的习惯，增强自信心。

2. 睁大眼睛，正视别人

当你拜访或接待来宾的时候，当你面对同事或上司的时候，一旦接触到陌生人，就要把头抬起来，把胸挺起来，且目光正视对方。通常，你不敢面对对方的原因是对方让你产生了严重的自卑或你不如他、怕他的心理；躲避对方的目光意味着你有愧疚感，你做了什么不愿意被对方知道的事情，怕对方看穿你。对你来说，这些都是在向对方发出不诚实或不友好的信息。特别是在谈判桌上，这样会让你特别没气场。如果你勇敢地正视对方，那就等于告诉他你很诚实，而且光明正大，你所说的全部都是真实的，毫不心虚，让对方感觉到你必胜的信心和勇气，以此让对方尊重并信任你。

3. 练习当众发言

也许你是个思维敏捷、天资聪慧的人，但是，就是因为你对自己的建议或提问缺乏信心，以至于从来都不敢在公众场合发表任何见解，每次都只能当个听众，没有积极参与的精神，就连平时和别人说话也小心翼翼，总是怕自己所说之言触犯到别人。如果长期这样下去，你和大家就越来越有距离感，也就愈来愈丧失自信，愈来愈自卑。其实，从积极的角度看，从展示自我工作能力来看，用多说话提升自己的信心，下次发言就更加容易了。 不管是聚会，还是会议，都让自己多说话，多发表见解，把自己的论点、意见及所提的问题大声地向大家阐明。 没必要总是担心自己说的话、观点有人反对，因为肯定会有赞同你的人。 如果你不说出来，那么谁又能知道你的想法，谁又会考虑你的感受呢？

4. 积极行动

有许多好的构思和设想，特别是工作上的改进和更新，你明明已经安排好了一切，但是却没有采取任何行动，整天想着如果失败了该怎么办，对自己的工作能力缺乏必要的信心，也不和同事及上司交流，等到别人成功了，你后悔莫及。这样下去，你所有的努力都白费了，长此以往，你就会觉得自己更加不如别人，从而更没有信心。 认为正确的，就必须立即行动起来，如果发现问题，可以一边调整，一边改进。 机会是自己抓住的，成功也必须依靠自己的努力才能争取到，顾虑解决不了问题，只有行动才能解决问题，改变现状。 许多时候，行动起来，改变姿态，加快速度，可以改变一个人的心理状态。 动作敏捷或拖拖拉拉，是一个人自卑与否的标签。

5. 学会微笑

笑是一种推动力，更是一种有效的心药，笑能让你减少自卑的心理，化解你对别人的敌对情绪，让你不必处于那么紧张的状态中。 每天早上起床的时候，别忘了提醒自己笑对一切。 记住：不管在什么情况下，笑都是解决问题最有利的武器。正如一首诗所说:"微笑是疲倦者的休息、沮丧者的白天、悲伤者的阳光、大自然的最佳营养。"

现实就是如此,假如连你自己都看贬自己,不给自己留任何机会,那么就很难让别人给你机会,更别说那些在职场中总觉得自己是最差的、永远低人一等、轻视并怀疑自己力量和能力的人了,肯定不会成什么大事。而那些成大事者,首先要做的一项工作就是拒绝与自卑纠缠,让自卑远离自己。

天生我材必有用

心理学家是这样定义自卑的：自卑是一种情绪体验，它的形成是因为一个人对自己的能力产生怀疑。有这种心理状态的人，常常对自己的能力、品质等做出偏低的评价，总认为自己不如别人且怨天尤人，慢慢地就更加没有自信了。

下面来看这样一个案例：

小芸，女，22岁。小芸自述："最近一年觉得自己的压力又变大了。我还年轻，总是想找一份适合自己的工作，充分展示自己的才能。因为身体原因，我没能上大学而上了中专师范，但是由于现在的身体条件不准许，所以我无法适应繁重的教学工作。我喜欢艺术，观察能力比较好，也喜欢动手制作，按理说应该向这方面发展。可能由于自己的身体条件，我特别自卑，总认为自己不行。有一段时间，我总是在想我该怎样发展才好。有人说只要你认定了目标，坚持不懈，胜利早晚是属于你的。但是我做决定的时候总是思前想后。最近我很烦，总是想哭，每当我充满信心地做事情的时候,却感觉很累,学习一会儿就坚持不下去了,完全失去了信心。"

心理专家认为,自卑的人一般具有以下特点:谨小慎微、内向、孤独和偏见、完美主义。如今是一个充满挑战的快节奏的社会,"出人头地"的风气越来越盛行,这是造成某些人自卑的重要原因。还有的心理学家认为,自卑感是成长必须经历的情绪,因为任何人的能力都会有不足,因而也就易生自卑。要想让自卑远离我们,就必须进行不懈的努力奋斗。然而,很多人都因为自卑妨碍了前行,在不幸中虚度一生。与此同时,长期的自卑感不单单影响一个人的心理,而且会使人的生理也发生变化,敏感的心血管系统将会受到损害。生理上的变化自然而然地会作用到心理上,加重人的自卑心理,形成恶性循环。因此,自卑的人应该抛弃那些所谓的束缚,鼓起勇气,树立自信。

当觉得自己有自卑心理的时候,应该试着给自己加加油:

1. 增强自信心

自信和自卑是一对冤家,一旦对自己满怀信心,自然就看不到自卑的影子了。对于自卑的人来说,重要的是建立起符合自身实际情况的"抱负水平",成功的次数多了,自信心就会增强了。可以从一件件小事逐渐做起,提高成功率,增加成就感,形成良性循环。如果遇到困境,且感到自卑时,那么就去做一件相对容易的事情,或者做自己愿意并感兴趣的活动或工作。这样一来,既可以变得更有自信,也可以慢慢消除自卑感。

2. 扬长避短

俗话说，"尺有所短，寸有所长""金无足赤，人无完人"。每个人都有自己的优缺点，不能只看自己的短处。积极的态度是扬长避短，以"长"补"短"。不要怀疑，你总有一面比别人优秀。

3. 向名人学习

读书能够陶冶情操。因此，闲暇时光，多读一些对身心健康有益的书，尤其是那些曾被自卑感困扰的名人的事迹，学习一些别人的奋斗史，以此增强自信心，发挥所长，集中精力、矢志不渝地达到目标。慢慢地，就没有自卑的心理了。

4. 选择合适的方法

每个人的情况不一样，要因人而异，"东施效颦"往往事倍功半。我们只有根据自己的特殊情况选择一些实用的方法，才能达到想要的结果。

5. 走自己的路，让别人说去吧

别人讥笑你、贬低你往往是出于嫉妒心理或其他原因。要记住：只要自己有信心，别人就会觉得你很自信，根本不会觉得你很自卑。

不满意自己的相貌时,要多关注自己的优点

有的人明明长得很漂亮,却总是觉得自己面貌很差劲,即使反复美容整形,仍然无法消除内心的自卑和恐惧心理,不敢和别人面对面地交谈。这时,千万别以为只是爱美之心在作怪,其实,这不过是沉浸在自己幻想的丑陋当中而已。有这样一个案例:

25岁的小琴是某机关公务员,几年时间整容竟达20多次。小琴说,她读小学的时候和几个小朋友去同学家玩,别的同学总是能够得到别人的夸奖,而别人看到她时却只是笑一下,拍拍她脑袋就离开了。"从此,我产生了强烈的自卑感,觉得自己很丑,不如别人。"小琴说,这件事在她心里就像抹不去的伤疤。高中毕业后,小琴瞒着父母偷偷地去医院做了割双眼皮手术,之后虽然被批评了很久,但父母却夸她变漂亮了。从此,小琴不停地进行整容手术,并乐此不疲。"一见到比自己漂亮的女孩子,我就嫉妒得要发疯,我会仿照她们面部最漂亮的地方整容,一个鼻子就整了八次。"小琴

说,"每次整完容我就和以前的自己进行比较,如果没有得到别人的夸奖,我就再去整容,像着了魔一样。"

心理学家指出,小琴患上的是"丑陋恐惧症"。生活中,总是有人觉得自己的样貌太丑陋,有的女性会以平常心面对这种状况,而有的人却因此养成心病,患上"丑陋恐惧症"。这种病症在青春期少女中尤为常见,有时候,父母对于儿女苛刻的要求也是导致孩子犯病的原因。

这种病的患者以扭曲的心态看待自己的长相,总是死心眼儿地认为自己长得很丑,因此去做美容和整形手术。由于心理负担太重,她们往往通过反复做手术以求得心理平衡。与此同时,她们产生了特别严重的自卑感,随着病情越来越重,大多数患"丑陋恐惧症"的人变得越来越孤僻。

那么,对于陷入"丑陋恐惧症"的人来说,如何增强自己的自信心呢?可以试试以下方法:

1. 关注自己的优点

想出自己的 10 个优点,并把它们罗列在纸上。每当你做一件事情的时候,都把自己的优点数一遍,并在心里默念这些优点。这样,对你的自信心是一种很大的提升,这在心理学上叫作"自信的蔓延效应"。

2. 进行有效的心理暗示

不断对自己进行正面心理强化,避免对自己进行负面强化。经常对自己说"我长得还不错哦""我的皮肤很白""我的脸上没有皱纹""我是最美丽的"等,能够慢慢地提升自信心。

3. 树立自信的外部形象

保持整洁、得体的仪表，能够增强自信心；其次，举止自信，如行路挺胸、目视前方等，刚开始可能不习惯，慢慢你就会从内而外地散发出一种自信；另外，注意锻炼，保持健美的体形也是一种增加自信的方法。

4. 保持健康的身体

注意全面的营养，加强身体锻炼，保持快乐的心境，良好的生理、心理状况会使你感到十分满足，从而变得很有信心。

5. 保证睡眠质量

睡眠不好，人就容易多虑、焦躁、压力大，或者情绪低落、抑郁，让人看起来精神不振。而良好的、高质量的睡眠不仅有利于身体机能的有效恢复，而且会让自己的心情变得开朗。

从自卑中成长起来的自信

你来到这个世界上,与别人顶着同一片蓝天,踏着同一块土地,吸着同样的空气,要勇于展示自己的智慧和风采,没有必要仰视别人。要学会肯定自己,走出自卑情绪的阴影。

如果从小到大一直都没什么人表扬过你,你与周围的事物也总是格格不入,这样长期下来,你慢慢地也觉得自己矮了别人一截。你发现别人总是很优雅,你发现别人总是比你懂得更多,你发现别人对你的评价跟你实际做的不相吻合,因为你想要做到的事情总是不能如愿。你发现自己越来越焦躁不安,越来越没有安全感,你希望自己能不再自卑,让别人刮目相看。但是,却经常以失败告终,这时,你开始怀疑自己的能力了。

当你长大懂事后,明白了这是长期的不自信带来的后果,你开始去发掘自己的内心世界,你发现这种自卑感已经到了很高的程度,很难停下来。你脑子里成天想得最多的就是怎么去取悦别人,怎么去被别人认可,你几乎已经忘了自己究竟想要什么，你仍然总是碰壁。你很彷徨、孤独，觉得生活好累，越来越没有意义，你不知道自己的人生还有什么追求的目标，你发现自己陷在很深的自卑感中，很难跟别人很好地交往和沟通。

自卑感是一种内心体验，它是由于自我价值被贬低或否定而产生的。这种贬低或否定可能来自于外界，也可能来自于当事人自己，不过更多的时候是两者兼而有之。

许多自卑者总是陷于自我的否定之中，觉得自己一无是处，觉得人生毫无希望，因而万般苦恼。

日本九州大学名誉教授关计夫一生从事人类自卑感研究，他认为，因自卑感而沉沦甚至毁灭的事例，历来并不鲜见，但正像珍珠贝受损伤后自己会孕育出美丽的珍珠一样，人在自卑感的困扰中也会磨砺出完美的人格。关计夫甚至还说："全然没有自卑感也就绝不可能成为一个卓越的人。"

通过关计夫的理论，我们可以说：在某种程度上自卑感是走向成功的踏板，没有它，成功则毫无指望。

我们不要因为有自卑感而感到羞耻，如果我们及时发现它、承认它，并设法弥补，这样更有助于我们达到人生的目标。像贝多芬这样全世界公认的音乐家、爱因斯坦这样杰出的物理学家、拿破仑这样伟大的军事家都曾是自卑感的俘虏，但他们及时克服了自卑，并设法弥补，从而成了一代伟人。

德摩斯梯尼是古希腊著名的雄辩家，他小时候呼吸困难，声音微弱，而且严重口吃。

当时的希腊非常崇尚雄辩术，德摩斯梯尼没有因为自己的先天性缺陷而自卑，从小就有一个当雄辩家的志向。为了使声音变得强而有力，他站在海岸上，口含小石头大声喊叫。为了增大肺活量，他一边演说一边跑步登上小山丘。他还在镜子前摆姿势，练习向观众招手致意，背诵希腊悲剧。即使这样，他还不满足，索性把自己关在地下室，除了吃饭和睡眠的短暂中断外，所有的精力都用来钻研辩论术。28岁时，德摩斯梯尼从地下室出来，参加雅典的辩论大赛，取得了最终的胜利。从此，人们把德摩斯梯尼称为"雄辩之父"。

我们从中可以看出，只要不怕自卑，克服自卑，就会做出一番事业的。

白岩松，中央电视台著名节目主持人，经常对着全国几亿电视观众侃侃而谈，他主持节目给人印象最深的特点就是从容自信；张越，也是中央电视台著名节目主持人，而且又是第一个完全依靠才气而丝毫没有凭借外貌走上中央电视台主持人位置的。但是他们也都有过自卑的时期。

很多年前，白岩松从一个仅有20多万人口的北方小城考进了北京的大学。

第一天上学，邻桌的女同学就问他："你的家乡在哪里？"而这个问题正是他当时最忌讳的，因为在他的逻辑里，出生于小城，就意味着小家子气，没见过世面，肯定会被那些来自大城市的同学瞧不起。

就因为这句话，他一个学期默默无闻，不敢和女同学说话，以致一个学期结束的时候，同班的很多女同学都不认识他。

很长一段时间，自卑的阴影都占据着他的心灵。

很多年前的张越也在北京的一所大学里上学。她几乎是在疑心、自卑中度过了自己的大学生活。由于肥胖,她疑心同学们会在暗地里嘲笑她。

为此,她不敢穿裙子,不敢上体育课,还差点儿毕不了业,不是因为功课太差,而是因为她不敢参加体育长跑测试!老师说:"只要你跑了,不管多慢,都算你及格。"可她就是不跑。她想跟老师解释:她不是在抗拒,而是因为恐惧,恐惧自己肥胖的身体跑起步来一定非常非常的愚笨,一定会遭到同学们的嘲笑。可是,她茫然不知所措,连向老师解释的勇气都没有。为了毕业,她只能傻乎乎地向老师求情,不管老师去哪儿,她都跟着。最后老师无可奈何,勉强算她及格。

但是,白岩松和张越并没有让自己的自卑心理一直发展下去,他们一直在很努力地克服这种心理,终于在长期的努力下,成功地摆脱了自卑心理,成为著名主持人。

"自信是在不自信中成长起来的。"一位资深的心理学家曾这样说过。

每个人都有自卑的情绪,就看我们如何对待它了。如果你一味沉浸在自卑情绪中,那么你将一事无成。如果你能化自卑为力量,辩证地看待自己的优缺点,既不自卑,也不自傲,心中充满自信,经常鼓励自己"我行,我能成功",那么你必能将自卑心理摆脱得一干二净。

我们不能因为自己某些方面的缺陷就对生活感到厌倦和绝望,而产生自卑感。相反,它应是自己努力摆脱目前困境、超越自我的巨大动力。很多伟人的生平就是一部从自卑到自强的奋斗史。让我们一起带着信心上路,在自信的天空中展翅翱翔,追寻自己的目标。

适当收起你的敏感

陶渊明,一贫如洗,但仍乐观向上;李世民随父打天下,困难重重,仍坚持不懈;朱元璋从乞丐变为一代君主,历尽艰辛,但仍未放弃……

我们可以想象:茫茫沙漠中的白杨,被狂风袭击,但仍屹立不倒;雨后的小草,惨淡无比,但仍挺直身躯;高山顶上,荒无人烟,但青松仍矗立于山巅之上……

我们扪心自问:是不是比海伦·凯勒幸运? 既然这样,为何还会被自卑困扰。

我们要对自己有信心,这样,才能学会微笑,才能学会面对。

然而,有人以为,在别人面前越少显露自己的错误或弱点,也许越能赢得人们的尊重。 其实这种想法是不对的。

一位女孩自奥巴玛大学毕业后,就来到一家公司工作。由于她以前没有实习经验,会的东西也不多,因此在工作中差错不断。 她总是受到领导和同事的批评,渐渐地,她在单位里总是战战兢兢，生怕出点差错而被别人否定。她对批评尤为敏感，别人只要说点什么，或是给她的穿着提出不同的意见，她都要激烈地辩驳，要不就将极为沮丧的情绪挂在脸上，导致她和同事的关系极度恶化。

克里斯汀是一位正上大学的学生，由于来自农村，他以前只知道学习，其他方面则一无所长。他唱歌五音不全，讲话紧张脸红，打球笨拙，因此他特别怕参加集体活动，怕别人嘲笑自己，怕在众人面前出丑。

从心理学的角度来分析，上述两种表现是典型的自卑心理。自卑者的自尊心很脆弱，以致会对威胁到自尊心的预感产生过度担忧的反应。这类人，在工作生活中，其关注点已不像正常人那样放在如何完成好任务或与人沟通交流上，而是在反复担心自己不要出什么差错，怕被别人批评指责，怕被别人笑话。受到别人非议和批评时，他们就很容易出现痛苦和沮丧的情绪，甚至增强其过分的抵触反应。这种心理抵触使其陷于情绪化的状态中，不能进行正常的学习和反思，会使个体完全丧失适应环境的能力，以致造成反应的阻滞，不断出错。转而又激起"保全面子"的强烈企图，甚至做出逃离那些可能令他们出错丢丑的环境，尽量不参与任何群体活动。这样下去，他们不愿与人接触，不愿锻炼自己，适应环境的能力就会越来越差，自尊心也更加脆弱，更加惧怕批评。

任何人都会犯错，勇于承认错误或缺点会赢得他人的赞赏。比如像"我想，我心急了一点儿""我对刚才的气话十分抱歉"或者"我错了"这些诚恳的道歉的话语都颇具感染力。

我们不妨仔细考察一下历史上的名人，不难发现他们也并非有完美的一生，他们也会犯错误，他们也会哭泣，他们也会绝望。他们的自信，恰恰来自不刻意掩饰自己的错误，能正视自己的不足并加以改正。

王蒙是近代著名的作家，他在《我的人生哲学》中特别提到了心理"不设防"的生活观点：……不设防还因为不怕暴露自己的弱点。弱点总是要暴露的，正像优点也总会有机会表现出来表达出来一样。而对待自己弱点的坦然态度，正是充满自信并从而比较容易令他人相信的表现。只要你确有胜于人处，长于人处，某些弱点的暴露反而更加说明你的弱点不过如此而已。而你的长处，你的可爱可敬之处，正如山阴的风景，美不胜收。那还设什么防呢？

自尊心不是骄傲，不是自大，更不是缺乏自我批评精神。自尊心强的人不是认为自己比别人有优势，而只是对自己有信心，相信自己能够克服缺点。自尊心不强的人，会感到自己价值没被人注意到或自己本身有缺点，从而在心理上对自我及自己的社会行为产生否定的态度。

况且，个人自尊程度越低，就越可能因孤独而痛苦。在交往中，这样的人事先就认为别人对他印象不佳。

而自尊心较强的人自主性也较强，较少接受暗示，他们对自己持肯定的态度，往往也容易"接受"别人。

现代自尊心不强的青少年和成年人的典型特点就是"自我形象"和"自我看法"不稳定，他们比别人更想对周围人"掩盖自己"，对周围人做出某种"假面目"，即"装扮的自我"，不会主动去融入人群。久而久之，自尊心不强的人就会产生自卑感。

自卑的人在自我评价时尤其容易被刺痛,因而十分敏感。他们对批评、笑声、否定等会产生病态的反应,他们在工作不顺利或者发现自己有某种缺点时,感到特别难受,他们在周围人对自己印象不佳时,比别人更多地感到不安。自卑的人大多都比较腼腆,他们往往有容易孤立和经常想入非非等特点。

为此,自卑者只有对别人的否定持正确的态度,才能提升自信。我们都知道,在自卑者身上往往存在着许多问题和不足,如不会处事,能力不强,缺乏生活乐趣等。对这些问题和不足,首先应正视其存在,并积极改正。其实任何忽略、回避、掩饰的态度都是对自己最大、最根本的否定。这样,不仅不能使问题自然化解,反而会使后续问题越来越多,愈演愈烈。

其次,能够正视自己的不足并勇于去改正,才是对自己最大的肯定。这显示了自己的积极、勇敢、乐观、智慧的心理态度。在此过程中,我们无须为自己的幼稚、差错、无知而感到羞辱,这是任何人都难以避免的事情。相反,我们却能通过它提高支撑我们人生成功的内在素质,这也是建立自信的根本。

我们要善于看到自己的长处和优势才更容易建立起自信。我们要相信自己能够自我实现,从而积极改变,积极实践,自我改进,克服不足,不断提升自我。这样优点越来越多,缺点越来越少(或对你人生的影响越来越弱),相当于在更高的层次上肯定了自我。

如果我们只想依赖于一些所谓的外部标准来提高自己的感觉,如容貌和地位等,这样只会适得其反。因为这样,我们会尽一切所能来维持自己的所谓"门面",而不愿在提高内在素质上下功夫。相反,一个真正自信的人,能正视自己,总是直面现实,毫不掩饰,勇敢地面对一切。

罗斯福是美国历史上最伟大的总统之一,不幸的是,他在中年时患病。这时他已是参议员,在政坛上炙手可热,遭此打击,他心灰意冷,几乎退隐家园。

发病初期,他一点也不能动,必须坐在轮椅上。但他讨厌整天依赖别人把他从楼上到楼下抬上抬下,为了摆脱这种窘况,他一个人偷偷地练习。

有一天,他发明了一种上楼梯的方法,他告诉家人要表演给大家看。原来,他先用手臂的力量,把身体撑起来,挪到台阶上,然后再把腿拖上去,就这样一级一级艰难缓慢地爬上楼梯。母亲见状忙阻止他说:"给别人看见了你这样在地上拖来拖去的,多难看啊。"

罗斯福却坚定地说:"我必须坦然面对这一切。"后来,罗斯福登上了总统就职演说的演讲台,成为美国历史上唯一连任四届总统的人。

让我们扬起自信的风帆吧,不要因前进路上的困难重重而放弃,要学会拥有自信,因为它是成功的关键。

相信自己,相信"天生我材必有用",莫让美好年华付之东流,莫让人生留有悔恨。

把自卑留给昨天吧,让信心照亮明天!

PART 4

每一个优秀的人,都有一段沉默的时光

寂寞成长，无悔青春

每个想要突破困境的人都需要耐得住寂寞，寂寞能催生一个人的成长。

曾有人在谈及寂寞降临的体验时说："寂寞来的时候，人就仿佛被抛进一个无底的黑洞，任你怎么挣扎呼号，回答你的，只有狰狞的空间。"的确，在追寻事业成功的路上，寂寞给人的精神煎熬是十分厉害的。想在事业上有所成就，自然不能像看电影、听故事那么轻松，必须得苦修苦练，必须得耐疑难、耐深奥、耐无趣、耐寂寞，而且要抵得住形形色色的诱惑。能耐得住寂寞是基本功，是最起码的心理素质。耐得住寂寞，才能不赶时髦，不受诱惑，才不会浅尝辄止，才能集中精力潜心于所从事的工作。耐得住寂寞的人，等到事业有成时，大家自然会投来钦佩的目光，这时就不寂寞了。而有着远大志向却耐不住寂寞，成天追求热闹，终日浸泡在欢乐场中，一混到老，最后什么成绩也没有的人，就将真正寂寞了。其实，寂寞不是一片阴霾，寂寞也可以变成一缕阳光。只要你勇敢地接受寂寞，拥抱寂寞，以平和的爱心关爱寂寞，你会发现：寂寞并不可怕，可怕的是你对寂寞的惧怕；寂寞也不烦闷，烦闷的是你自己内心的空虚。

曾获得奥斯卡最佳导演奖的华人导演李安，在去美国念电影学院时已经26岁，遭到父亲的强烈反对。父亲告诉他：纽约百老汇每年有几万人去争几个角色，电影这条路走不通的。李安毕业后，7年，整整7年，他都没有工作，在家做饭带小孩。有一段时间，岳父岳母看他整天无所事事，就委婉地告诉女儿，也就是李安的妻子，准备资助李安一笔钱，让他开个餐馆。李安自知不能再这样拖下去，但也不愿拿丈母娘家的资助，决定去社区大学上计算机课，从头学起，争取可以找到一份安稳的工作。李安背着老婆硬着头皮去社区大学报名，一天下午，太太发现了他的计算机课程表，顺手就把这个课程表撕掉了，并跟他说："安，你一定要坚持自己的理想。"

因为这一句话，因为这样一位明理聪慧的老婆，李安最后没有去学计算机，如果当时他去了，多年后就不会有一个华人站在奥斯卡的舞台上领那个很有分量的大奖。

李安的故事告诉我们，人应该做自己最喜欢、最热爱的事，而且要坚持到底，把自己喜欢的事做到淋漓尽致，进而走向成功。

如果你真正的最爱是文学，那就不要为了父母、朋友的谆谆教诲而去经商；如果你真正的最爱是旅行，那就不要为了稳定而选择一天到晚坐在电脑前的工作。

生命是有限的，但你的人生却是无限精彩的。也许你会成为下一个李安,但你需要耐得住寂寞,7年你等得了吗?很有可能会更久,你等得到那天的到来吗? 别人都离开了,你还会在原地继续等待吗?

一个人想成功,一定要经过一段艰苦的过程。任何想在春花秋月中轻松获得成功的人距离成功遥不可及。这寂寞的过程正是你积蓄力量、开花前奋力地汲取营养的过程,如果你耐不住寂寞,成功永远不会属于你。

失败也是一种财富

在这个世界上，每一个人都经历过无数次的失败。当然，也包括成功人士在内，他们的成功也并非一帆风顺。

没有人不想成为富人，也没有人不想拥有财富，但很多人在追求财富的过程中要么被困难打败，要么对挫折望而却步、半途而废。如果我们换个角度来看问题就不一样了：世界上根本就没有所谓的失败，只有暂时的不成功。这也正是富人们的信条，正是因为在他们的字典里没有"失败"，他们才不放弃，才会继续努力。

金融家韦特斯真正开始自己的事业是在17岁，那年他赚了第一笔大钱，也是第一次得到教训。那时候，他的全部家当只有255块钱。他在股票的场外市场做掮客，在不到一年的时间里，他发了大财，一共赚了168000元。拿着这些钱，他给自己买了第一套好衣服，在长岛给母亲买了一幢房子。这个时候，第一次世界大战结束了，韦特斯以为和平已经到来，就拿出了自己的全部积蓄，以较低的价格买下了雷卡瓦那钢铁公司。结果赔得很惨，"他们把我剥光了，只留下

4000元给我。"韦特斯最喜欢说这种话,"我犯了很多错,一个人如果说他从未犯过错,那他就是在说谎。但是,我如果不犯错,也就没有办法学乖。"这一次,他学到了教训。"除非你了解内情,否则,绝对不要买大减价的东西。"

他没有因为一时的挫折而放弃,相反,他总结了相关的经验,并相信自己一定会成功。后来,他开始涉足股市,在经历了股市的成败得失后,又赚了一大笔钱。

1936年是韦特斯最冒险的一年,也是最赚钱的一年。一家名叫普莱史顿的金矿开采公司在一场大火中覆灭了。其全部设备被焚毁,资金严重短缺,股票也跌到了3分钱。有一位名叫陶格拉斯·雷德的地质学家知道韦特斯是个精明人,就说服他把这个极具潜力的公司买下来,继续开采金矿。韦特斯听了以后,拿出35000元支持开采。不到几个月,挖到了黄金,离原来的矿坑只有213英尺(1英尺约等于0.3048米)。

这时,普莱史顿的股票开始飞涨,不过不知内情的海湾街上的大户还是认为这种股票不过是昙花一现,早晚会跌下来,所以他们纷纷抛出原来的股票。韦特斯抓住了这个机会,他不断地买进、买进,等到他买进了普莱史顿的大部分股票时,股票的价格已上涨了许多。

这座金矿,每年毛利达250万元。韦特斯在他的股票继续上升的时候把普莱史顿的股票大量卖出,自己留了50万股,这50万股相当于他一分钱都没有花。

韦特斯的成功告诉我们,不要害怕失败,财富的获得总是在失败中一点点积累的,很少有一夜暴富之人,而且一夜暴富的财富也总是不长久的。这便是富人们不怕失败的原因,因为失败也是一种财富。

成功贵在坚持

要取得成功就要坚持不懈地努力,很多人的成功,也是饱尝了许多次的失败之后得到的,我们经常说"失败乃成功之母",成功诚然是对失败的奖赏,却也是对坚持者的奖赏。

古往今来,那些成功者们不都是依靠坚持而取得成就的吗?

被鲁迅誉为"史家之绝唱,无韵之《离骚》"的《史记》,其作者司马迁,享誉千古的大师,可他这么大的成就是在什么情况下取得的呢?

汉武帝为了一时的不快阉割了堂堂的大丈夫,那是多么大的耻辱啊,而且这给他带来的身心伤害是多么巨大! 从此,他只能在四处不通风的炎热潮湿的小屋里生活,不能见风,换一个人,简直就活不下去了。

司马迁也曾想过死,对于当时的他来说,死是最容易的解脱方法了。可是他心中始终有一个梦想,他的梦想就是写一部历史的典籍,把过去的事记下来,传诸后世,为了这个梦,他坚持了下来,坚持着忍受了身体的痛苦,坚持着忍受了别人歧视的目光,坚持着在严酷的政治迫害下活着,以继续撰写《史记》,并且终于完成了这部光辉著作。

他靠的是什么? 只有两个字:坚持。 如果他在遭受了腐刑以后,丧失一切斗志,那么我们现在就看不到这本巨著,吸收不到他的思想精华。

著名作家杰克·伦敦的成功也是建立在坚持之上的。 就像他笔下的人物"马丁·伊登"一样,坚持坚持再坚持,他抓住自己的一切时间,坚持把好的字句抄在纸片上,有的插在镜子缝里,有的别在晒衣绳上,有的放在衣袋里,以便随时记诵。 所以他成功了,他的作品被翻译成多国文字,许多书店中他的作品被放在显眼的位置,赫然在目。 当然,他所付出的代价也比其他人多好几倍,甚至几十倍。 成功是他坚持的结果。

石头是很硬的,水是很柔软的,然而柔软的水却穿透了坚硬的石头,这其中的原因,唯坚持而已。 我们在黑暗中摸索,有时需要很长时间才能寻找到通往光明的道路,以勇敢者的气魄,坚定而自信地对自己说不放弃,才能冲破禁锢的蚕茧,最终化成美丽的蝴蝶。

不喧哗，自有声

人生最大的自由，莫过于选择成败，成功者寥若晨星，更少有人青史留名，而失败者比比皆是。据有关学者研究证明：48％的人经历一次失败，就一蹶不振了；25％的人经历两次失败就泄气了；15％的人经历三次失败也放弃了；只有12％的人经历无数次的失败后，仍不气馁，始终朝着一个方向冲刺。他们坚信，只要方向不错，方法得当，坚持不懈，锲而不舍，成功只是时间问题。人生最大的敌人是自己，战胜自己是成功者的必经之路。

李健最早涉足茶叶经营是在2001年。在这之前他经营着一家超市，由于拆迁，他只好改行和一个福建籍朋友做起了茶叶生意。那时，茶艺还处于萌芽状态，是一个新兴产业，利润空间和发展空间都比较大。

然而，李健对茶艺、茶文化一窍不通，门市开业后，面对顾客提出的有关茶的各种问题，他常常脸涨得通红，说不出话来，之后只得向朋友请教。看着朋友和顾客大谈茶文化，李健第一次认识到茶居然有这样深的内涵，从此他喜欢上了这一行。

后来，李健和朋友的经营理念发生了分歧，生意也开始变得清淡。李健回忆，在一段时间里，他们不断地往里垫钱，根本没有回款。坚持了三个月后，李健与朋友在经营思路上的分歧越来越大，最后只好分道扬镳。于是，李健开始独自创业。

经过市场调查，他把茶叶门市地址选在了北京茶叶一条街——马连道。也许是初生牛犊不怕虎，李健当初只是想扎堆的生意好做，并没在意这一条街上对手们的来历。后来他才发现这里的人个个都是高手，不论是茶道还是销售均有过人之处，而且他们都来自茶叶生产厂家，对茶有着深刻的理解，唯独自己是个门外汉。

李健选定地址后看中了一间 60 平方米的门市，年租金 4 万元。他交了租金，请来装修工装修门市，自己则赶往茶叶生产地采购茶叶。这是他第一次采购茶叶，由于没有经验，又缺乏茶叶知识，他采购的茶叶无论在色泽上还是质量上都给日后的批发和销售带来了困难。为了不再犯同样的错误，他买来大量有关茶叶的书，仔细研读，对上门的客户也都提供最优惠的价格。即使这样，他的门市仍是门庭冷落。

李健开始托朋友介绍茶叶销售渠道，稍有空闲就亲自背着茶叶样品去零售店推销，有时他请人给他看门市，自己背个大袋子到偏远区县去找销售点。而很多时候，他都吃了闭门羹，偶尔听到"我们有供货方，以后考虑吧"，他都会激动半天。"那时我一心想着尽快发展客户，有时一天只能吃一顿饭，一个月下来整个人都快虚脱了。"

在两个月里，他跑遍了6个城市的茶叶零售店，但是没有得到任何回报。

李健的茶叶门市经历了整整14个月的萧条后才开始有起色。在这期间，他不断听到类似他这种门外汉茶业门市倒闭的消息，朋友也劝他收手。李健经过激烈的思想斗争后，咬着牙告诉朋友："我已经喜欢上了这个行业，每个行业起步都会有艰难和困苦，更何况我还没有认输。"

随着对茶叶的深入了解和对市场的辛勤开拓，李健的门市第13个月开始有了一点儿利润，就在2003年春节前的一个月，他的门市赚回了之前的所有投资，还略有盈余。2004年，李健的茶叶门市纯利润达20多万元。

事实证明：只要有恒心，铁棒也能磨成针。看一个人，不必看他辉煌耀眼、春风得意之时，而应看他身处逆境时是怎样艰难跋涉的。执着是人类的一种美德，任何天赋、才华都不能替代执着。不积跬步，无以至千里；不积细流，无以成江河。千里之行始于足下，做任何事情都必须有恒心。

做一个安静细微的人,在角落里自在开放

《伊索寓言》中有这样一个故事:

有一只狐狸喜欢自夸自大,它以为森林中自己最大。

傍晚,它单独出去散步,走路的时候看见一个映在地上的巨大影子,觉得很奇怪,因为它从来没有见过这么大的影子。后来,它知道那是自己的影子,就非常高兴。它平常就以为自己伟大、有优越感,只是一直找不到证据可以证明。

为了证实那影子确实是自己的,它就摇摇头,那个影子的头部也跟着摇动。这证明了影子是自己的,它就很高兴地跳舞,那影子也跟着它舞动。它继续跳,正得意忘形时,来了一只老虎。狐狸看到老虎也不怕,并拿自己的影子与老虎比较,结果发现自己的影子比老虎大,就不理它,继续跳舞。老虎趁着狐狸跳得得意忘形的时候扑了过去,把它咬死了。

一个人若种植信心,他会收获品德。一个人若种下骄傲

的种子,他必收获众叛亲离的果子,甚至带来不可预知的危险,就像那只自夸自大、自我膨胀的狐狸一样。

但高傲的姿态却是现代人的通病。大家都想吸引别人的目光,殊不知,这目光可能投来善意,也可能投来恶意。越是高调的人,越容易成为众矢之的。老子在《道德经》中说:"生而不有,为而不恃,功成而不居。"又说,"功成名遂,身退,天之道。"如果成功之后,只知自我陶醉,迷失于成果之中停滞不前,那就为自己的成就画了句号。

成功常在辛苦日,败事多因得意时。切记:不要老想着出风头。一个人的成绩都是在他谦虚好学、伏下身子踏实肯干的时候取得的,一旦傲气上升、自满自足,必然会停止前进的脚步。

有人会说,大凡骄傲者都有点儿本事、资本。你看,《三国演义》中"失荆州"的关羽和"失街亭"的马谡不是都熟读兵书、立过大功吗?这种说法其实只看到了事情的表面,而没看到事情的本质。关羽之所以"大意失荆州",马谡之所以"失街亭",不正是因为他们自以为"有资本"而铸成的大错吗?

一个人有一点儿能力,取得一些成绩和进步,产生一种满意和喜悦感,这是无可厚非的。但如果这种"满意"发展为"满足","喜悦"变为"狂妄",那就成问题了。这样,已经取得的成绩和进步,将不再是通向新胜利的阶梯和起点,而会成为继续前进的包袱和绊脚石,那就会酿成悲剧。

在这个世界上,所有人都在为自己的成功拼搏,都想站在成功的巅峰上风光一下。但是成功的路只有一条,那就是放低姿态,不断学习。在通往成功的路上,人们都行色匆匆,有许多人就是在稍一回首、品味成就的时候被别人超越了。因此,成功的路上没有止境,但永远存在险境;没有满足,却永远存在不足。在成功路上立足的最基本的要点就是学习,学习,再学习。

心中有光的人,终会冲破一切黑暗和荆棘

当你面对人类的一切伟大成就的时候,你是否想到过,曾经为了创造这些成就而经历过无数寂寞的日夜,他们不得不选择与寂寞结伴而行,有了此时的寂寞,才能获得自己苦苦追求的似锦前程。

很多时候成功不是一蹴而就的,要经过很多磨难。每个人无论如何都不能丢弃自己的梦想,要执着于自己的目标和理想,把自己开拓的事业坚持做下去。

肯德基创办人桑德斯先生在山区的矿工家庭中长大,家里很穷,他也没受过什么教育。他在换了很多工作之后,自己开始经营一个小餐馆。不幸的是,由于公路改道,他的餐馆必须关门,关门则意味着失业,而此时他已经65岁了。

也许他只能在痛苦和悲伤中度过余生了,可是他拒绝接受这种命运。他要为自己的生命负责,相信自己仍能有所成就。可是他是个一无所有、只能靠政府救济的老人,他没有学历和文凭,没有资金,没有什么朋友可以帮他,他应该怎么

做呢？他想起了小时候母亲炸鸡的特别方法，他觉得这种方法一定可以推广。

经过不断尝试和改进之后，他开始四处推销这种炸鸡的经销权。在遭到无数次拒绝之后，他终于在盐湖城卖出了第一个经销权，结果大受欢迎，他成功了。

65岁时还遭受失败而破产，不得不靠救济金生活，在80岁时却成为世界闻名的杰出人物。桑德斯没有因为年龄太大而放弃自己的梦想，经过数年拼搏，终于获得了巨大的成功。如今，肯德基的快餐店在世界各地都是一道风景。

很多时候，在日常生活、工作中必须在寂寞中度过，没有任何选择。这就是现实，有嘈杂就有安静，有欢声笑语就有寂静悄然。

既然如此，你逃脱不掉寂寞的影子，驱赶不走寂寞的阴魂，为什么非要与寂寞抗争？寂寞有什么不好？寂寞让你有时间梳理躁动的心情，寂寞让你有机会审视所作所为，寂寞让你站在情感的外圈探究感情世界的课题，寂寞让你向成功的彼岸挪动脚步，所以，寂寞不仅仅是可怕的孤独。

寂寞是一种力量，而且无比强大。成就事业者的秘密很多，生活悠闲者的诀窍也有许多，但是，他们有一个共同的特点，那就是耐得住寂寞。谁耐得住寂寞，谁就有宁静的心情；谁有宁静的心情，谁就水到渠成；谁水到渠成，谁就会有收获。山川草木无不含情，沧海桑田无不蕴理，天地万物无不藏美，那是它们在寂寞之后带给人们的享受。

我们常说，做什么事情都需要坚持，只要奋力坚持下来，就会成功。这里的坚持是什么？就是要耐得住寂寞。每天循规蹈矩地做一件事情，心便生厌，这也是耐不住寂寞的一种表现。

如果有一天，当寂寞紧紧地拴住你，哪怕一年半载，为了自己的追求不得不与寂寞搭肩并进的时候，心中没有那份失落，没有那份孤寂，没有那份被抛弃的感觉，才能证明你的毅力坚强。

人生不可能总是前呼后拥，人生在世，难免要面对寂寞。寂寞是一条波澜不惊的小溪，它甚至掀不起一朵浪花，然而它却孕育着可能成为飞瀑的希望，渗透着奔向大海的理想。坚守寂寞，坚持梦想，那朵盛开的花朵就是你盼望已久的成功。

虽然每一步都走得很慢,但我不曾退缩过

"登泰山而小天下",这是成功者的境界,如果达不到这个高度,就不会有这个视野。但是,若想到达这种境界亦非易事,人们从岱庙前起步上山,进中天门,入南天门,上十八盘,登玉皇顶,这一步步拾级而上,起初倒觉轻松,但愈到上面便愈感艰难。十八盘的陡峭与险峻曾使无数登山客望而却步。游人只有努力向前,才能登上泰山山顶,体验"一览众山小"的酣畅意境。

许多人盼望长命百岁,却不理解生命的意义;许多人渴求事业成功,却不愿持之以恒地努力。其实,人的生命是由许许多多的"现在"累积而成的,只有珍惜"现在",不懈奋斗,才能使生命焕发光彩,事业获得成功。

想成功,最忌"一日曝之,十日寒之""三天打鱼,两天晒网"。数学家陈景润为了求证哥德巴赫猜想,用过的稿纸几乎可以装满一个小房间;作家姚雪垠为了写成长篇历史小说《李自成》,竟耗费了40年的心血,大量的事实告诉我

们：无论你多么聪明，成功都是在脚踏实地中，一步一步、一年一年积累起来的。

莎士比亚说："斧头虽小，但多次砍劈，终能将一棵挺拔的大树砍倒。"

现在有一种流行病，就是浮躁。许多人总想"一夜成名""一夜暴富"。他们不扎扎实实地长期努力，而是想靠侥幸一举成功。比如投资赚钱，不是先从小生意做起，慢慢积累资金和经验，再把生意做大，而是如赌徒一般，借钱做大投资、大生意，结果往往惨败。网络经济一度充满了泡沫，有的人并没有认真研究市场，也没有认真考虑它的巨大风险，只觉得这是一个发财成名的"大馅饼"，一口吞下去，最后没撑多久，草草倒闭，白白"烧"掉了许多钞票。

俗话说"滚石不生苔""坚持不懈的乌龟能快过灵巧敏捷的野兔"，如果能每天学习一小时，并坚持十二年，所学到的东西，一定远比坐在学校里混日子的人学到的多。

人类迄今为止，还不曾有一项重大的成就不是凭借坚持不懈的精神而实现的。

大发明家爱迪生也说："我从来不做投机取巧的事情。我的发明没有一项是由于幸运之神的光顾。一旦我下定决心，知道我应该往哪个方向努力，我就会勇往直前，一遍一遍地试验，直到产生最终的结果。"

要成功，就要强迫自己一件一件地去做，并从最困难的事做起。有一个美国作家在编辑《西方名作》一书时，应约撰写102篇文章。这项工作花了他两年半的时间。加上其他一些工作，他每周都要干整整七天。他没有从最容易阐述的文章入手，而是给自己定下一个规矩：严格地按照字母顺序进行，绝不允许跳过任何一个自感费解的观点。另外，他始终坚持每天都首先完成困难较大的工作，再干其他的工作。事实证明，这样做是行之有效的。

　　一个人如果要成功，就应该学习这些名人的经验，从小事入手，坚持下去，总有一天你会看到成功的希望。

追求宁静，独享寂寞

西方有位哲人在总结自己一生时说过这样的话："在我整整75年的生命中，我没有超过四个星期真正的安宁。这一生只是一块必须时常推上去又不断滚下来的崖石。"所以，追求宁静，或者是追求寂寞对许多人来说成了一个梦想。由此看来，寂寞并不是每个人都能享受的。

可是，现实生活中，许多人害怕寂寞，时时借热闹来躲避寂寞、麻痹自己。滚滚红尘中，已经很少有人能够固守一方清静，独享一份寂寞了，更多的人脚步匆匆，奔向人声鼎沸的地方。殊不知，热闹之后的寂寞更加寂寞。我辈如能在热闹中独饮那杯寂寞的清茶，也不失为人生的另类选择。但是，寂寞并不是每个人都会享受的！

对未来进行抗争的人，才有面对寂寞的勇气；昔日拥有辉煌的人，才有不甘寂寞的感受。

为了收获而不惜辛勤耕耘、流血流汗的人，才有资格和能力享受寂寞。

寂寞是一种难得的感觉，只有在拥有寂寞时，你才能静下心来悉心梳理自己烦乱的思绪；只有在拥有寂寞时，你才能让自己成熟。不在寂寞中升华，就在寂寞中死去。

许多人把失意、伤感、无为、消极等与寂寞联系在一起，认为将自己封闭起来就是寂寞，其实，这是一种误解。倘使这样，不仅会限制生命的成长，还会与现实产生隔阂，这样的人只是逃避生活。

寂寞是一种感受，是一种难得的感觉，是心灵的避难所，会给你足够的时间去舔舐伤口，重新以明朗的笑容直面人生。

懂得了寂寞，便能从容地面对阳光，将自己化作一杯清茗，在轻啜深酌中渐渐明白，不是所有的生长都能成熟，不是所有的欢歌都是幸福，不是所有的故事都会真实，有时，平淡是穿越灿烂而抵达美丽的一种高度、一种境界。

当寂寞来临时，轻轻合上门窗，隔去外面喧嚣的世界，默默独坐在灯下，平静地等待身体与心灵的一致，让自己从悲欢交集中净化思想。这样，被一度驱远的宁静会重新回归。你静静地用自己的理解去解读人世间风起云涌的内容，思考人生历程中的痛苦和欢悦。你不再出入上流社会，也就不再对那些达官显贵们摧眉折腰；人们不再追逐你，不再关注你，你也因此而少了流言的中伤。当你真实体验了人生的丰富与美好、生命的宏伟和阔大，让身心平直地立在生活的急流中，不因贪图而倾斜，不因喜乐而忘形，不因危难而逃避，你就读懂了寂寞，理解了寂寞。于是，寂寞不再是寂寞，寂寞成了一首诗，成了一道风景，成了一曲美妙的音乐。于是，寂寞成了享受，使我们获得了人生的宁静。

寂寞来时，轻轻闭上双眼，去聆听远方的鸟鸣，去感受灵魂深处的快乐。

PART 5

换一种想法，拆掉思维里的墙

井底之蛙,永远看不到辽阔的大海

有些人宁可在暂时的安逸中沉湎,也不愿提高自身的能力和核心竞争力以适应环境的变化。这种做法和下文中的两只青蛙所做出的反应,几乎如出一辙。

有一只青蛙生活在井里,那里有充足的水源。它对自己的生活很满意,每天都在欢快地歌唱。

有一天,一只鸟儿飞到这里,便停下来在井边歇歇脚。青蛙主动打招呼说:"喂,你好,你从哪里来啊?"

鸟儿回答说:"我从很远很远的地方来,而且还要到很远很远的地方去,所以感觉很累。"

青蛙吃惊地问:"天空不就那么大一点儿吗?你怎么说是很遥远呢?"

鸟儿说:"你一生都在井里,看到的只是井口大的一片天空,怎么能够知道外面的世界呢?"

青蛙听完这番话后,惊讶地看着鸟儿,一脸茫然和失落的样子。

在现实生活中，可以见到许许多多的"井底之蛙"陶醉在自我的狭小领域中。这种自以为是的自足自得，只会导致眼光的短浅和心胸的狭隘。信息的落后和自我张狂会让自己和现实离得越来越远。特别是在竞争日趋激烈的今天，故步自封和过度的自我满足只会让你的世界越来越小，并时刻有被淘汰的危险。因此，每个人都应该走出"小我"，积极地提升自身的能力，开阔自己的视野，这样才能在汹涌的时代大潮中立于不败之地。

下面，我们再讲一个有关于青蛙的故事：

19世纪末，美国康奈尔大学做过一次有名的青蛙实验。他们把一只青蛙冷不防丢进煮沸的油锅里，在那千钧一发的生死关头，青蛙用尽全力，一下就跃出了那势必使它葬身的滚烫的油锅，跳到锅外的地面上，安全逃生。

半小时后，他们使用同样的锅，在锅里放满冷水，然后又把那只死里逃生的青蛙放到锅里，接着用炭火慢慢烘烤锅底。青蛙悠然地在水中享受"温暖"，等它感觉到承受不住水的温度，必须奋力逃命时，却发现为时已晚，欲跃无力。青蛙终于葬身在热锅里。

生活中，我们随处可以看到，许多人安于现状，不思进取，在浑浑噩噩中度日，害怕面对不断变化的环境，更不愿增强自己的本领，去发挥自身的优势以适应变化，最终在安逸中消磨了所有的生命能量。

美国的本杰明·富兰克林是举世闻名的政治家、外交家、科学家和作家。他的多方面才能令人惊叹：他4次当选宾夕法尼亚州的州长；他制定出《新闻传播法》；他发明了口琴、摇椅、路灯、避雷针、两块镜片的眼镜、颗粒肥料；他设计了富兰克林式的火炉和夏天穿的白色亚麻服装；他最先组织消防厅；他首先组织道路清扫部；他是政治漫画的创始人；他是出租文库的创始人；他是美国最早的警句家；他是美国第一流的新闻工作者，也是印刷工人；他创设了近代的邮信制度；他想出了广告用插图；他创立了议员的近代选举法；他的自传是世界上最受欢迎的自传之一，仅在英国和美国就重印了数百版，现在仍被广泛阅读⋯⋯

诚然，像富兰克林这样敢于尝试，并在各方面都显示出卓越才能的人是少见的。可是，这也足以说明：只要愿意，人无所不能。作为普通人，虽然我们不可能在各方面都有所建树，但如果我们敢于求新求变，试着涉足更广阔的领域，即使不能成名立万，也会使生活变得更加丰富多彩。长期单调乏味的生活会使最有耐性的人也觉得忍无可忍，读到这里，你完全应该相信：你还可以做好很多事情。

人生无处不"套牢",思路决定出路

"套牢"是股市上的一个术语,却也很好地表现出了人生中的一种尴尬处境。就像一个禅学故事中所讲,一只贪食的鸟儿拼命地往网孔中钻,可任凭它怎样用力,脖子被勒得窒息,也够不着近在咫尺的虫子。当人们拼着性命往套中钻时,却怎么也得不到自己所渴望得到的东西。也许,这种削尖脑袋往套中钻的动机和想法本身就是一个圈套,或者说是一堵围困人生的墙吧。

在股市猛地热起来的时候,有个词的使用频率突然增高,这便是套牢。许多人被股市赚钱的光环所诱惑而奋不顾身地跳了进去,谁知股价非但不涨反而直线下跌,这就是被套牢了。凡是玩股票的人,没有一个喜欢自己被套牢的。可是大凡玩股票的人,没有一个幸免于此。

股市真可谓是人生大课堂。收市之后,你如果将眼光放得远一点儿,会忽然发现,人生真是无处不套牢。生而为人,出生前就被子宫套牢了。后来,上学了被学校套牢,工作了被单位套牢,结婚了被家庭套牢,死了被骨灰盒套牢。

说起来，有些套子是自己钻的。股票是自己要买的，婚是自己要结的，国是自己要出的，孩子是自己要生的。假如买不到股票，人是会抱怨的；假如生不出儿子，人是会沮丧的；假如出不了国，人是会恼火的。有朋友终于拿到了绿卡，却立即愁眉苦脸起来，说是原本穷学生一个，万事没有标准，而现在要以一个美国人的标准来要求自己，车是什么车，房子是什么房子，衣服是什么衣服，工作是什么工作，凡此种种，不一而足，原来绿卡也是个圈套。这么一说，做人就难了。得到了朝思暮想的东西还要犯愁，甚至更愁，人生真是很无奈。

仔细想想，人又不能没有一点东西将自己套牢。过于自由，心里就空落落的，魂不守舍，食不甘味，这种那种的孤独就要来咬人。人不是被这个套牢，就是被那个套牢，一套接着一套，彻底的"孤鬼儿一个"是不可想象的。有种说法是不错的：凡是活人必然是套中之人。

而人要套自己是最无可救药的。有一个人热爱炒股，小有进账。然而他总是拨起算盘算自己理论上应该赚多少，而实际上少赚了多少，这样算来算去反而更加不快乐。友人劝他何苦和自己过不去，留得生命在，还怕没钱赚？他觉得这话是对的，但心里忍不住还是惦记那飞走的铜钱。唉！不知道是人套钱，还是钱套人，天下的傻瓜们啊！

人生不应该有太多的牵累与负荷。现在拥有的，我们应该珍惜；已经失去的，也没必要再为之哭泣。抬头向前看，会有更美好的生活等着你。只要还有一颗乐观向上的心，人生就会一路充满阳光。

走出囚禁思维的栅栏

有时，我们固有的思维就是囚禁自己的栅栏，要还创造力以自由，首先就要突破常规思维。

世上没有两片完全相同的树叶，同样，世上也没有两个完全相同的人。每个人自身的独特性，造成其别具一格的思维方式，每个人都可以走出一条与众不同的发展道路。但保持个性的同时，也应追求突破创新；否则，你将陷入自身的思路圈套当中。

每个人都会有"自身携带的栅栏"，若能及时地从中走出来，则是一种可贵的省悟。独一无二的创新精神，勇于进取，绝不自损、自贬，在学习生活中勇于独立思考，在日常生活中善于注入创意，在职业生活中精于自主创新，正是能够从自我囚禁的"栅栏"里走出来的鲜明标志。形成创造力自囚的"栅栏"，通常有其内在的原因，通常是由于思维的知觉性障碍、判断力障碍以及常规思维的惯性障碍所导致的。知觉是接收信息的通道，知觉的领域狭窄，通道自然受阻，创造力也就无从激发。这条通道要保持通畅，才能使信息流丰盈、多样，使新信息、新知识的获得成为可能，使得信息检索能力得到锻炼，不断增长其敏锐的接收能力、详略适度的筛选能力和信息精化的提炼能力，这是形成创新心态的重要前提。判断性障碍大多产生于心理偏见和观念偏离，要使判断恢复客观，首先需要矫正心理视觉，使之采取开放的态度，注意事物自身的特性而不囿于固有的见解或观念。这在新事物迅猛增殖、新知识快速增加的当今时代，尤其值得重视。

要从自囚的栅栏走出来，还创造力以自由，首先就要还思维状态以自由，突破常规思维。在此基础上，对日常生活保持开放的、积极的心态，对创新世界的人与事，持平视、平等的姿态，对创造活动，持成败皆为收获、过程才最重要的精神状态，这样，我们将有望形成十分有利于创新的心理品质，并且及时克服内在的消极因素。

成功的人往往是一些不那么安分守己的人，他们绝对不会因取得一些小小的成绩而沾沾自喜，不会因获得一点儿小成功就停下继续前行的脚步。因此，只有突破旧我，才能获得又一次的蜕变，人生才会呈现更好的局面。

一位雕塑家有一个12岁的儿子。儿子要爸爸给他做几件玩具，雕塑家只是慈祥地笑笑，说："你自己不能动手试试吗？"

为了制好自己的玩具，孩子开始注意父亲的工作，常常站在大台边观看父亲运用各种工具，然后模仿着运用于玩具制作。父亲也从来不向他讲解什么，放任自流。

一年后，孩子初步掌握了一些制作方法，玩具造得不错。

这时，父亲偶尔会指点一二。但孩子脾气倔，从来不将父亲的话当回事，我行我素，自得其乐。父亲也不生气。

又一年，孩子的技艺显著提高，可以随心所欲地摆弄出各种人和动物形状。孩子常常将自己的"杰作"展示给别人看，引来诸多夸赞。但雕塑家总是淡淡地笑，并不在乎。

有一天，孩子存放在工作室的玩具全部不翼而飞，父亲说："昨夜可能有小偷来过。"孩子没办法，只得重新制作。

半年后，工作室再次被盗。又半年，工作室又失窃了。孩子怀疑是父亲在捣鬼：为什么从不见父亲为失窃而吃惊、防范呢？

一天夜晚，儿子夜里没睡着，见工作室里的灯亮着，便溜到窗边窥视，只见父亲背着手，在雕塑作品前踱步、观看。好一会儿，父亲仿佛做出某种决定，一转身，拾起斧子，将自己大部分作品打得稀巴烂！接着，父亲将这些碎土块堆到一起，放上水重新混合成泥巴。孩子疑惑地站在窗外。这时，他又看见父亲走到他的那批小玩具前！父亲拿起每件玩具端详片刻，然后，将儿子所有的自制玩具扔到泥堆里搅和起来！当父亲回头的时候，儿子已站在他身后，瞪着愤怒的眼睛。父亲有些羞愧，吞吞吐吐道："我，是，哦，是因为，只有砸烂较差的，我们才能创造更好的。"

10年之后，父亲和儿子的作品多次同获国内外大奖。

父亲不愧是位雕塑家，他不但深谙雕塑艺术品的精髓，更懂得如何雕塑儿子的灵魂。每一个渴望成功的人都必须谨记：只有不断突破自我，超越以往，才能开创出更美好、辉煌的人生。

甩掉"金科玉律"的束缚

很多所谓的金科玉律，只是些成见和偏见罢了。谁信奉它，谁就会受制于它。

我们从小就会被教导不能做这，不能做那，久而久之就形成了一种固定的观念。这些观念成为我们行走社会的"金科玉律"，它们让我们少受挫折的同时，也常常阻碍着我们去开拓新的人生格局。这些观念禁锢着我们的大脑，因此，要改变命运，就得从改变观念开始。

大家都记得这句金科玉律："想要别人怎样对待你，就先怎样对待别人。"这可能是一句大家从小就学过，而且会拿来教导孩子的至理名言。

遗憾的是，若把这句名言应用到组织问题上，问题可就大了。

这句金科玉律的假定是，你喜欢的对待方式会跟其他人喜欢的对待方式一样。这就是"先怎样对待别人"的立论。把这种观点应用在解决组织问题时，就等于是说在协调冲突、决策和搜集信息上，你会跟大家的看法一致。

很多人把这句名言当成个人生活的策略。但把这句名言当成策略，很可能会陷入本位主义的泥潭。因为这句名言假定，自己的看法就是他人的看法。因此，自己所想的，就是适当、正确的。如果你就是在这种金科玉律教导下长大的，难免会养成这种思考逻辑。不过，如果你以不同的观点思考，就能开启许多前所未有的成功之门。

我们被自己对世界的偏见所蒙蔽，看不到个人见解的可笑和荒谬。这种狭隘的观念，直接影响了我们在处理变革引发的差异时采取的决策和行动。

如果你认为所有看待事情的观点是绝不相同的，那在处理变革差异的冲突及协商决策时，会相当危险。尤其在一意孤行地盲从自己的观点，不考虑他人时，情况便会更危险。

要真正有效处理变革所引起的差异，就得具备求同存异的能力，适时从别人的观点和立场来看事情。要这么做就必须把先前的金科玉律改变一下，换成新版的观点："以别人想被对待的方式对待他们。"其实，只要观念上稍微调整一下，变革的成效就有天壤之别。

在我们生活的世界上，存在着各种各样的"应该""必须"等条条框框，它们编织了一个很大的误区，将现实生活中的人们网罗其中，而我们很多人往往习以为常、不假思索地照"章"行事。

我们每个人都生活在一个社会群体中，因此，我们不可能是一个完全孤立的个体，我们的思想和行为可能时时受到世俗的约束与制约。对于这些规则和方针，你也许不以为然，但同时又无法摆脱束缚，无法确定自己应该遵循哪些适用的规则和方针。

任何事物都不是绝对的，任何规则或法律都不能保证在各种场合均能适用，或取得最佳效果。相比之下，具体情况具体分析的原则应成为我们生活和行事的准则。然而，你可能会发现，违反一条不适用的规定或打破一种荒谬的传统很困难，甚至不可能。顺应社会潮流有时的确不失为一种生存的手段，然而如果走向极端，这也会成为一种神经过敏症。在某些情况下，按条条框框办事甚至会使你情绪低落、忧心忡忡。

林肯曾经说过："我从来不为自己确定永远适用的政策。我只是在每一具体时刻争取做最合乎情理的事情。"他没有使自己成为某项具体政策的奴隶，即使对于普遍性政策，他也并不强求在各种情况下都加以实施。

如果一种规定或规矩妨碍着人们的精神健康，阻碍着人们去积极生活，那它就是不健康的。如果你知道这种规矩是消极而令人讨厌的，而你又一直遵守规矩，那你就陷入了人生的另一种误区——你放弃了自我选择的自由，让外界因素控制了自己。生活中有两种类型的人，即外界控制型与内在控制型。认真分析一下自己属于哪种类型，这将有助于你进一步审视自己生活中的大量误区性条条框框。

杰克是一位公司员工，他经常与妻子在家争吵，以至于发生婚姻危机。后来，他找到一位心理咨询专家。听了杰克的诉说后，专家给他提出了一条建议："不要总是试图向妻子表明她错了，你不妨只同她讨论而不去辩明谁对谁错。只要你不再强求她接受你的意见，你也就不必自寻烦恼，不必为证实自己是正确的而无休止地争吵了。"后来，杰克试着做了，果然很奏效。一旦遇到相反的观点和看法，他不再与妻子争论不休，要么与之讨论，要么回避不谈。一段时间以后，夫妻关系明显得到了改善。

其实，各种是非观念都代表着一种"应该"的框框。这些条条框框会妨碍你，当你的条条框框与他人发生冲突时，尤其如此。在我们的生活中不乏一些优柔寡断之人，他们无论大事还是小事都难以做出决定。究其原因，因为他们总希望做出正确的选择，他们以为通过推迟选择便可以避免犯错误，从而避免忧虑。有一位患者去求助心理医生，当医生问他是否很难做出决定时，他回答道："嗯……这很难说。"

你或许觉得自己在很多事情上难以做出决定，甚至在小事上也是如此。这是习惯于以是非标准衡量事物的直接后果。如果当你要做出某些决定时，能抛开一些僵化的是非观念，而不顾忌什么是是非非，你将轻而易举地做出自己的决定。如果你在报考大学时竭力要做出正确的选择，则很可能不知所措，即使做出决定后，也还会担心自己的选择可能是错误的。因此，你可以这样改变自己的思维方法："所谓最好、最合适的大学是不存在的，每一所大学都有其利与弊。"这种选择谈不上对与错，仅仅是各有不同而已。

衡量是否更适合生活的标准并不在于能否做出正确的选择。你在做出选择之后，控制情感的能力则更为明确地反映出自我抑制能力，因为一种所谓正确的标准包含着我们前面谈到的"条条框框"，而你应当努力打破这些条条框框。这里提出的新的思维方法将在两个方面对你有所帮助：一方面，你将完全摆脱那些毫无意义的"应该"标准；另一方面，在消除了是非观念误区之后，你便能够更加果断地做出各种决定。

　　生活是不断变化的，观念也要不断地更新。无数的事实告诉我们，成功的喜悦总是属于那些思路常新、不落俗套的人。因此，想别人所不敢想，做别人所不敢做，往往会为我们创造出意想不到的机遇。

打破权威

生活中有很多权威和偶像，他们会禁锢你的头脑，束缚你的手脚。如果盲目地附和众议，就会丧失独立思考的习性；如果无原则地屈从他人，就会被剥夺自主行动的能力。

任何知识都是相对的，它们具有先进性，也有自己的局限性。有些人虽然知识不多，但初生牛犊不怕虎，思想活跃，敢于奋力拼搏，反而增加了成功的希望。权威人士常因为头脑中有了定型的见解和习惯，甚至是自己苦心研究得到的有效成果，因而紧紧抱住不放，遇到同类事项总是以习惯为标准去衡量，而不愿去思考别人的意见，哪怕是更好更有效的办法。结果，曾经先进过的东西或习惯有时反而会成为创新的障碍。

将一杯冷水和一杯热水同时放入冰箱的冷冻室里，哪一杯水先结冰？很多人都会毫不犹豫地回答："当然是冷水先结冰了！"非常遗憾，错了。发现这一错误的是一个非洲中学生姆佩姆巴。

1963年的一天,坦桑尼亚的马干马中学初三学生姆佩姆巴发现,自己放在电冰箱冷冻室的热牛奶比其他同学的冷牛奶先结冰。这令他大感不解,并立刻跑去请教老师。老师则认为,肯定是姆佩姆巴搞错了。姆佩姆巴只好再做一次实验,结果与上次完全相同。

不久,达累斯萨拉姆大学物理系主任奥斯玻恩博士来到马干马中学。姆佩姆巴向奥斯玻恩博士提出了自己的疑问,后来奥斯玻恩博士把姆佩姆巴的发现列为大学二年级物理课外研究课题。随后,许多新闻媒体把这个非洲中学生发现的物理现象,称为"姆佩姆巴效应"。

很多人认为是正确的,并不一定就真的正确。像姆佩姆巴碰到的这个似乎是常识性的问题,我们稍不小心,便会像那位老师一样,做出自以为是的错误结论。

著名的实用主义哲学家威廉·詹姆斯,曾经谈过那些从来没有发现他们自己的人。他说一般人只发展了10%的潜在能力。他具有各种各样的能力,却习惯性地不懂得怎么去利用。

告诉自己:我是独一无二的,我是最棒的,做最独特、最棒的自己才是我的选择。

洛威尔说:"茫茫尘世,芸芸众生,每个人必然都会有一份适合他的工作。"

在个人成功的经验之中,保持自我的本色及以自身的创造性去赢得一个新天地,是最有意义的。

权威的意见固然有他的缘由所在,然而权威只能作为我们人生的参考,却不能取代我们对于自己人生的独立思考。

权威可能今天是权威，不代表永远是权威。更何况，权威有很多，你听信哪个呢？权威不代表真理！如果你多问几句，这是真的吗？如果你改变一下，这次不这样做，结果会怎样？如果你说不，又会怎样？不要害怕自己的决定会是错的，因为权威们也不知道真正的事实到底是什么，他们也是以自己的经验做判断。相信自己的决断是正确的，你会实现自我突破。自我突破，走出自己的一条路，是面对权威做出的正确选择，也是实现自我价值的出路所在。

著名物理学家杨振宁谈到科学家的胆魄时曾说："当你老了，你会变得越来越习惯于舒服……因为一旦有了新想法，马上会想到一大堆永无休止的争论。而当你年轻力壮的时候，却可以到处寻找新的观念，大胆地面对挑战。"为什么有些大人物成名之后辉煌难再？其重要原因之一恐怕就在这里。因此，我们不要向习惯低头，要敢于挑战权威。

换一个角度,换一片天地

很多情况下,制造痛苦的并非事件本身,而是我们自己。

有一位哲人曾经说过:"我们的痛苦不是问题本身带来的,而是我们对这些问题的看法产生的。"这句话很经典,它引导我们学会解脱,而解脱的最好方式是面对不同的情况,用不同的思路去多角度地分析问题。因为事物都是多面性的,视角不同,得出的结果就会不同。

有时候,人只要稍微改变一下思路,人生的前景、工作的效率就会大为改观。

当人们遇到挫折的时候,往往会这样鼓励自己:"坚持就是胜利。"有时候,这会让我们陷入一种误区:一意孤行,不撞南墙不回头。因此,当我们的努力迟迟得不到结果的时候,就要学会放弃,要学会改变一下思路。其实细想一下,适时地放弃不也是人生的一种大智慧吗?改变一下方向又有什么难的呢?

一位中国商人在卖豆子时表现出了一种了不起的激情和

智慧。

他说：如果豆子卖得动，直接赚钱好了。如果豆子滞销，分三种办法处理：

第一，将豆子沤成豆瓣，卖豆瓣。

如果豆瓣卖不动，腌了，卖豆豉；如果豆豉还卖不动，加水发酵，改卖酱油。

第二，将豆子做成豆腐，卖豆腐。

如果豆腐不小心做硬了，改卖豆腐干；如果豆腐不小心做稀了，改卖豆腐花；如果实在太稀了，改卖豆浆。如果豆腐还卖不动，放几天，改卖酱豆腐或臭豆腐。

第三，让豆子发芽，改卖豆芽。

如果豆芽还滞销，再让它长大点儿，改卖豆苗。如果豆苗还卖不动，再让它长大点儿，干脆当盆栽卖，命名为"豆蔻年华"，到城市里的各个大、中、小学门口摆摊，到白领公寓区开产品发布会，记住这次卖的是文化而非食品。如果还卖不动，建议拿到适当的闹市区进行一次行为艺术创作，题目是"豆蔻年华的枯萎"，以旁观者身份给各个报社写个报道，如成功，可用豆子的代价迅速成为行为艺术家，并完成另一种意义上的资本回收，同时还可以拿点儿稿费。如果行为艺术没人看，稿费也拿不到，赶紧找块地，把豆苗种下去，灌溉施肥，三个月后，收获豆子，再拿去卖。

如上所述，循环一次。

经过若干次循环，即使没赚到钱，豆子的囤积也不成问题，那时候，想卖豆子就卖豆子，想做豆腐就做豆腐！

换个思路，换个角度，变通一下，总会有新的方向和市场。一条路走到黑只会头破血流，不妨绕道而行，自己的状况也许会取得突破。

对于每个人来说，思维定式使头脑忽略了定式之外的事物和观念。而根据社会学、心理学和脑科学的研究成果来看，思维定式似乎是难以避免的。不过经实验证明，人类通过科学的训练还是能够从一定程度上削弱思维定式的强度的，那么，这种训练方法是什么呢？答案是：尽可能多地增加头脑中的思维视角，拓展思维的空间。

美国创造学家奥斯本是"头脑风暴法"的发明人。为了促进人们大胆进行创造性想象、提出更多的创造性设想，奥斯本提出著名的思想原则，以激励人们形成"激烈涌现、自由奔放"的创造性风格。

1. 自由畅想原则

指思维不受限制，已有的知识、规则、常识等种种限定都要打破，使思维自由驰骋。破除常规，使心灵保持自由的状态对于创造性想象是至关重要的。例如，从事机械行业的人习惯于用车床切割金属。在车床上直接切割部件的是车刀，它当然要比被切割的金属坚硬。那么，切割世界上已知最硬的东西该怎么办呢？显然无法制出更硬的车刀，于是，善于进行自由畅想的技师发明了电焊切割技术。

2. 延迟评判原则

指在创造性设想阶段，避免任何打断创造性构思过程的判断和评价。日本一家企业的管理者在给下属布置任务时指出：只要是有关业务的合理性建议，一律欢迎，不管多么可笑，想说就说出来。但他强调，绝不允许批评别人的建议。虽然开始时大家有些拘谨，但后来气氛越来越活跃。结果，征集到了100多条合理性建议，企业的发展因此出现了大幅度的飞跃。

3. 数量保障质量原则

指在有限的时间内，提出一定的数量要求，会给设想的人造成心理上的适当压力，往往会因为评判、害怕而造成分心，减少提出创造性设想。在实践中，奥斯本发现，创造性设想提得越多，有价值的、独特的创造性设想也越多，创造性设想的数量与创造性设想的质量之间是有联系的。数量保障质量原则就利用了这一规律。

4. 综合完善原则

指对于提出的大量的不完善的创造性设想，要进行综合和进一步加工完善的工作，以使创造性设想更加完善，能够实施。

奥斯本的四项原则，虽然是用于小组创造活动，但是，这四条原则保障创造性设想过程能够顺利进行，因此，对于个人进行创造性思维的启发是巨大的。

要解决一切困难是一个美丽的梦想，但任何一个困难都是可以解决的。一个问题就是一个矛盾的存在，只要在矛盾之中，尝试着拓展思路去看问题，寻找到一个合适的矛盾结点，就可以迎来一个柳暗花明的新局面。

别让"约拿情结"毁了你

"约拿情结"的典故出自《圣经》,却高度概括了人的一种状态。人渴望成功又害怕面对成功,内心一直在积极与消极的两端徘徊。其实,这种心理迷茫状态来源于内心深处的恐惧感,而这种深层的恐惧心理,也成了人最严重的致命伤。

约拿是《圣经》中的人物。据说上帝要约拿到尼尼微城去传话,这本是一种崇高的使命和荣誉,也是约拿平素所向往的。但一旦理想成为现实,他又感到一种畏惧,觉得自己不行,想回避即将到来的成功,想推却突然降临的荣誉。这种在成功面前的畏惧心理,心理学家称之为"约拿情结"。

"约拿情结"是一种普遍的心理现象。我们想取得成功,但成功以后,又总是伴随着一种心理迷茫。我们既自信又自卑,我们既对杰出人物感到敬仰,又总是心怀一种敌意。我们敬佩最终取得成功的人,而对成功者,又怀有一种不安、焦虑、慌乱和嫉妒。

说到底,"约拿情结"是一种内心深层次的恐惧感,这种恐惧感往往会破坏一个人的正常能力。

恐惧使创新精神陷于麻木；恐惧毁灭自信，导致优柔寡断；恐惧使我们动摇，不敢做任何事情；恐惧还使我们怀疑和犹豫。恐惧是能力上的一个大漏洞，而事实上，许多人把他们一半以上的宝贵精力浪费在毫无益处的恐惧和焦虑上面了。

恐惧虽然阻碍着人们力量的发挥和生活质量的提高，但它并非不可战胜。只要积极地行动起来，在行动中有意识地纠正自己的恐惧心理，那它就不会再成为我们的威胁。

勇敢的思想和坚定的信念是治疗恐惧的天然药物，勇敢和信心能够中和恐惧，如同在酸溶液里加一点儿碱，就可以破坏酸的腐蚀力一样。

有一个文艺作家对创作抱着极大的野心，期望自己成为大文豪。美梦成真前，他说："因为心存恐惧，我眼看一天过去了，一星期、一年也过去了，仍然不敢轻易下笔。"

另有一位作家说："我很注意如何使我的心力有技巧、有效率地发挥。在没有灵感时，也要坐在书桌前奋笔疾书，像机器一样不停地动笔。不管写出的句子如何杂乱无章，只要手在动就好，因为手到能带动心到，从而慢慢地将文思引出来。"

初学游泳的人，站在高高的水池边要往下跳时，都会心生恐惧。如果壮大胆子，勇敢地跳下去，恐惧感就会慢慢消失，反复练习后，恐惧心理就不复存在了。

倘若很神经质地怀着完美主义的想法，进步的速度会受到限制。如果一个人恐惧时总是这样想："等到没有恐惧心理时再来跳水吧，我得先把害怕退缩的心态赶走才行。"这样做的结果往往是把精力全浪费在消除恐惧感上了。

这样做的人一定会失败。为什么呢？人类心生恐惧是自然现象，只有亲身行动才能将恐惧之心消除。不实际体验，只是坐待恐惧之心离你远去，自然会徒劳无功。

在不安、恐惧的心态下仍勇于作为，是克服精神紧张的处方，它能使人在行动之中获得活泼与生气，渐渐忘却恐惧心理。只要不畏缩，有了初步行动，就能带动第二、第三次的出发，如此一来，心理与行动都会渐渐走上正确的轨道。

今天得过且过，将来一事无成

有的人想做大事，却漫无目标，得过且过。这样的人肯定会有很多局限性而无法超越自我，难有大的突破和进展。实际上，凡是有"得过且过"心态的人，无不是给自己立了一堵墙，并陶然忘我地在围墙之内沉醉。殊不知，这俨然是在耗费生命。

古希腊，有两个同村的人，为了比高低，打赌看谁走得离家最远。于是，他们同时却不同道地骑着马出发了。

一个人走了13天之后，心想："我还是停下来吧，因为我已经走很远了。他肯定没有我走得远。"于是，他停了下来，休息了几天，调转马头返回家乡，重新开始他的农耕生活。

而另外一个人走了7年都没回来，人们都以为这个傻瓜为了一场没有必要的打赌而丢了性命。

有一天，一支浩浩荡荡的队伍向村里开来，村里的人不知发生了什么大事。当队伍临近时，村里有人惊喜地叫道："那不是克尔威逊吗？"消失了7年的克尔威逊已经成了军中统帅。

他下马后，向村里人致意，然后说："鲁尔呢？ 我要谢谢他，因为那个打赌让我有了今天。"鲁尔羞愧地说："祝贺你，好伙伴。 我至今还是个农夫！"

暂时满足的心态只能使你低人一等。

一个有生气、有计划、克服消极心态的人，一定会不辞任何劳苦，坚持不懈地向前迈进，他们从来不会想到"将就过"这样的话。 有些人常常对他人说："只要不饿肚子就行了！""只要不被撤职就够了！"这种青年无异于承认自己没有生机。

打起精神来！ 这虽然未必能够使你立刻有所收获，或得到物质上的安慰，但它能够充实你的生活，使你获得无限的乐趣。

无论做什么事，打不起精神来就不能克服消极心态。 你必须全神贯注，竭尽所有的精力去做，务必使你每天都有显著的克服消极心态的进步，一个人如能打定如此坚定的主意，那他的收获一定不会仅够"填饱肚子"。

那些克服消极心态而成就的大事，绝非仅想"填饱肚子"以及做事"得过且过"的人所能完成的，只有那些意志坚决、不辞辛苦、十分热心的人才能完成这些事业。

在美国西部，有个天然的大洞穴，它的美丽和壮观超乎人们的想象。 但是这个大洞穴一直没有被人发现，没有人知道它的存在，因此它的美丽也等于不存在。 有一天，一个牧童偶然发现洞穴的入口，从此，新墨西哥州的绿巴洞穴成为世界闻名的胜地。

科学研究表明，我们每个人都有 140 亿个脑细胞，而一个人只利用了肉体和心智能源的极小部分。 若与人的潜力相比，我们只处于半醒状态，还有许多未发现的"绿巴洞穴"。正如美国诗人惠特曼诗中所说：

我，我要比我想象的更大、更美

在我的，在我的体内

我竟不知道包含这么多美丽

这么多动人之处……

人是万物的灵长，是宇宙的精华，我们每个人都具有放大生命的本能。为"生命本能"效力的就是人体内的创造机能，它能创造人间的奇迹，也能创造一个最好的你。

我们每个人心里都有一幅"心理蓝图"或一幅自画像，有人称它为"自我心像"。自我心像如电脑程序，直接影响它的运作结果。如果你的心像想的是做最好的你，那么你就会在内心的"荧光屏"上看到一个踌躇满志、不断进取的自我。同时，还会经常听到"我做得很好，我以后还会做得更好"之类的信息，这样你注定会成为一个最好的你。美国哲学家爱默生说："人的一生正如他一天中所设想的那样，你怎样想象，怎样期待，就有怎样的人生。"美国赫赫有名的钢铁大王安德鲁·卡内基就是一个能充分发挥自己创造机能的楷模，他12岁时由苏格兰移居美国，最初在一家纺织厂当工人，当时，他的目标是"做全工厂最出色的工人"。因为他经常这样想，也是这样做的，最后果真成为全工厂最优秀的工人。后来命运又安排他当邮递员，他想"做全美最杰出的邮递员"。结果他的这一目标也实现了。他的一生总是根据自己所处的环境和地位塑造最佳的自己，他的座右铭就是："做一个最好的自己。"

走"无中生有"的路

正是我们今天的思考和努力,预知和把握着未来的蓝图。

昨天的努力,今天的奋斗,都是为了赢得明天的辉煌。明天是未知的,是不可猜测的,但我们却可以利用超前思维预知和把握未来。综观无数成功案例,杰出人士就是靠超前思维驱散了现实的层层迷雾,突破了发展道路上的重重障碍,最终看到了胜利的曙光。

思想超前,用中国一句古话来形容就是未雨绸缪,以长远的眼光,对未来早做谋划。思想超前的人,能够洞悉种种隐匿未现的机遇,从而早做准备,果断出击,实现"无中生有"的目标。

要走无中生有的路,就要运用超前思维以"见人所未见""为人所未为"。套用鲁迅名言:"无路处本来就是创新的路。"要走无中生有的路,就要有魄力、决心、方法,搭别人的车走自己的路,或借用别人的路,行自己的车;要走无中生有的路,还要有很高的心理素质。

创新意味着机会,同时也意味着风险。要走无中生有的路,要想做出无米之炊,没有点胆量、气魄是万万不能的,因此,谁要想走出人所未走之路,谁要想成人所未成之功,就要不畏惧失败,要勇于承受风险。

威尔士是美国东北部哈特福德城的一位牙科医生,是西方世界医学领域对人体进行麻醉手术的最早试验者。在威尔士以前,西方医学界还没有找到麻醉人体之法,外科手术都是在极残酷的情况下进行的。

后来,在英国化学家戴维发现笑气(氧化亚氮)以后,1844年,美国化学家考尔顿考察了笑气对人体的作用,带着笑气到各地做旅行演讲,并做笑气"催眠"的示范表演。这天他来到美国东北部哈特福特城进行表演,不想在表演中发生了意外。在表演者吸入笑气之后,由于开始的兴奋作用,病人突然从半昏睡中一跃而起,神志错乱地大叫大闹,从围栏上跳出去追逐观众。在追逐中,由于他神志错乱、动作混乱,大腿根部一下子被围栏划破了一个大口子,鲜血涌泉般流淌不止,在他走过的地上留下一道殷红的血印。围观的群众早被表演者的神经错乱所惊呆,这时又见表演者不顾伤痛地向他们追来,更是惊恐不已,都惊叫着向四周奔去,表演就这样匆匆收场。

这场表演虽结束了,但表演者在追逐观众时腿部受伤而丝毫没有疼痛的现象,却给现场的牙科医生威尔士留下了非常深刻的印象。于是他立即开始了对氧化亚氮的麻醉作用进行实验研究。

1845年1月,威尔士在实验成功之后,来到波士顿一家医院公开进行无痛拔牙表演。 表演开始，威尔士先让病人吸入氧化亚氮，使病人进入昏迷状态，随后便做起了拔牙手术。但不巧，由于病人吸入氧化亚氮气体不足，麻醉程度不够，威尔士的钳子夹住病人的牙齿刚刚往外一拔，便疼得那位病人"啊呀"一声大叫起来。 众人见之先是一惊，随之都对威尔士投去轻蔑的眼光，指责他是个骗子，把他赶出了医院。

威尔士失败了，他的精神也崩溃了。 他转而认为手术疼痛是"神的意志"，于是放弃了对麻醉药物的研究。

可是他的助手摩顿与其不同，摩顿开始了自己的探索。1846年10月，摩顿在威尔士表演失败的波士顿医院当众再做麻醉手术实验。 结果在众目睽睽之下，他获得了成功。

无中生有需要气魄、胆识和毅力，在无中生有的创新之路上，往往有失败和风险同行。 成功属于不畏艰险，善于从失败中汲取经验并坚持到底的人。

失败往往是促进进步、产生创新的良方。 一次失利并不等于最终失败，惧怕失败而不敢创新的人，就如同害怕跌倒而停步不前的人。 要开辟一条无中生有的创新之路，首先得准备接受失败的打击，把它看作成功创新的必经之路。

打破常规，自己订立游戏规则

运用自己的智慧，自己订立游戏规则，你就能掌握命运的主动权。

我们生活在一个充满了规则的世界，做任何事都必须遵守规则。一方面，规则保证了世界秩序的有效运转；但另一方面它也限制了人能力的发挥。

很多人墨守成规，虽然也能解决问题，但是往往缺乏效率与新意。而打破常规，以各种角度看待问题，就能更容易地抓住问题的关键，并据此订立新的规则，有针对性地解决问题。这种解决问题的方式既有效率，又有新意。

在一次企业管理培训班上，培训师要求大家做一个游戏。十几个学员平均分为两队，分别要把放在地上的两串钥匙捡起来，从队首传到队尾。规则是必须按照顺序，并使钥匙接触到每个人的手。比赛开始并计时后，两队的第一反应都是按老师做过的示范：捡起一串，传递完毕，再传另一串。结果都用了 15 秒左右。

老师说:"动动脑筋,时间还可以再减半。"一个队先"悟"了,把两串钥匙拴在一起同时传,这次只用了5秒钟。老师说:"时间还可以再减半,你们还有潜力可挖!"怎么可能? 学员们很不自信。 这时场外没参加游戏的人急忙提醒道:"只是要求按顺序从手上经过,不一定非得传呀!"一支队明白了,完全抛开了传递方式,开始飞快地把手扣成圆桶状,摞在一起,形成一个通道,让钥匙像自由落体一样从上落下,这样的方法既按顺序,同时也接触了每个人的手,时间是0.5秒,随即欢呼声起。

从这个例子可以看出,遵守常规会造成思维定式,要提高效率就要寻找新方法。

有个小村庄,村里除了雨水没有任何水源,为了解决这个难题,村里的人决定对外签订一份送水合同,以便每天都能有人把水送到村里。 村里有两个年轻人,小李和小张,愿意接受这份工作,于是村里把合同同时给了他们。

签订合同后,小李立刻行动起来。 他每日在十里外的湖泊和村庄之间奔波,用两只大桶从湖中打水运回村庄,倒在由村民们修建的一个结实的大蓄水池中。 每天清晨他都必须起得比其他村民早,以便当村民需要用水时,蓄水池中已有足够的水供他们使用。 由于起早贪黑地工作,小李很快就开始赚钱了。 虽然这是一项相当艰苦的工作,但是小李非常高兴,因为他能不断地赚钱。

而小张呢? 自从签订合同后他就消失了,几个月来,人们一直没有看见过小张。 这令小李兴奋不已,由于没人与他竞争,他赚到了所有的水钱。 小张干什么去了? 他做了一份详细的商业计划书,并凭借这份计划书找到了 4 位投资者,和自己一起开了一家公司。 6 个月后,小张带着一个施工队和一笔投资回到了村庄。 花了整整一年的时间,小张的施工队修建了一条从村庄通往湖泊的大容量的不锈钢管道。

后来,其他类似环境的村庄也需要水。 小张重新制订了他的商业计划,开始向全国甚至全世界的村庄推销他的快速、低成本、大容量并且卫生的送水系统,每送出一桶水他只赚 1 毛钱,但是每天他能送几十万桶水。 无论他是否工作,无数的村庄每天都要消费这几十万桶水,而利润便都流入了小张的银行账户中。 显然,小张不但开发了使水流向村庄的管道,而且还开发了一个使钱流向自己钱包的管道。 从此,小张幸福地生活着。 而小李在他的余生里虽然仍拼命地工作,但最终只是平凡地生活着。

和小李一样,在工作中,有的人会发现,自己付出的辛勤汗水并不比别人少,但效果却总比别人差。 究其原因,主要是方法的问题。 在工作中,我们要注意做事的方法,培养自己打破常规的思维习惯。 因为要想培养聪明巧干的能力,必须从思维方式着手。 如果一直局限于一种思维方式,即便它过去总是给你带来成功,也许有一天它会导致你的"滑铁卢"。

著名的心算家米尼苏·弗拉德曼从来没有失算过。

一天他做表演时,有人上台给他出了道题:"一辆载着 283 名旅客的火车驶进车站,有 87 人下车,65 人上车;下一站又下去 49 人,上来 112 人;再下一站又下去 37 人,上来 96 人;再再下一站又下去 74 人,上来 69 人;再再再下一站又下去17人,上来23人……"

那人刚说完,心算大师便不屑地答道:"小儿科! 告诉你,火车上一共还有——"

"不,"那人拦住他说,"我是请您算出火车一共停了多少站。"

米尼苏·弗拉德曼呆住了,这组简单的加减法成了他的"滑铁卢"。

而真正经历过滑铁卢的失败者拿破仑也有一个故事。

拿破仑被流放到圣赫勒拿岛后,他的一位善于谋略的密友通过秘密渠道给他捎来一副用象牙和软玉制成的国际象棋。拿破仑爱不释手,从此一个人默默下起了象棋,打发着寂寞痛苦的时光。象棋被摸光滑了,他的生命也走到了尽头。

拿破仑死后,这副象棋经过多次转手拍卖。后来一个拥有者偶然发现,有一枚棋子的底部居然可以打开,里面塞有一张如何逃出圣赫勒拿岛的详细计划!

两个故事,两个遗憾。他们的失败,其实都败在没有打破常规。心算家思考的只是老生常谈的数字,军事家想的只是消遣,他们忽略了常规之外的东西,但这些东西偏偏就是问题的关键。由此可见,在自己的思维定式里打转,天才也走不出死胡同。

无数事实证明,伟大的创造、天才的发现,都是从打破常规开始的。只有打破常规,才能订立自己的游戏规则,在人生的舞台上做出自己最精彩的表演。

PART 6

走自己的路,别太在意别人的想法

你是独一无二的

只要计算一下我们一生吃进去多少谷物，饮下了多少清水，才凝聚成这么一具躯体，就一定会为那数字的庞大而感到惊讶。世界付出了这么多才塑造了这么一个"我"，难道"我"不重要吗？

你所做的事，别人不一定做得来，而且，你之所以为你，必定是有一些相当特殊的地方——我们姑且称之为特质吧！而这些特质又是别人无法模仿的。

既然别人无法完全模仿你，也不一定做得来你能做得了的事，试想，他们怎能取代你的位置，来替你做些什么呢？所以，这时你不相信自己，又有谁可以相信？

况且，每个来到世上的人，都是上帝赐给人类的恩宠，上帝造人时即已赋予了每个人与众不同的特质，所以每个人都会以独特的方式与他人互动，进而感动别人。如果你不相信的话，不妨想想：有谁的基因会和你完全相同？有谁的个性会和你一毫不差？

由此，我们相信：你有权活在世上，而你存在于这世上的目的，是别人无法取代的。

不过，有时候别人（或者是整个大环境）会怀疑我们的价值，时间一长，连我们自己都会对自己的重要性感到怀疑。请千万不要让这类事情发生在你身上，否则你会一辈子都无法抬起头来。

记住！你有权力去相信自己很重要。

"我很重要，没有人能替代我，就像我不能替代别人。"

生活就是这样的，无论是有意还是无意，我们都要对自己有信心。不要总是拿自己的短处去对比人家的长处，却忽视了自己也有人所不及的地方。自卑是心灵的腐蚀剂，自信却是心灵的发电机。所以无论身处何境，都不要让自卑的冰雪侵占心灵，而应燃烧自信的火炬，始终相信自己是最优秀的，这样才能调动生命的潜能，去创造无限美好的生活。

也许我们的地位卑微，也许我们的身份渺小，但这丝毫不意味着我们不重要。重要并不是伟大的同义词，它是心灵对生命的允诺。人们常常从成就事业的角度断定自己是否重要，但这并不应该成为标准，只要我们在时刻努力着，为光明在奋斗着，我们就无比重要。

让我们昂起头，对着这颗美丽的星球上无数的生灵，响亮地宣布：我很重要。

面对这么重要的自己，我们有什么理由不去爱自己呢！

张扬个性,"秀"出自己才有机会

一个人无论才能如何出众,如果不善于表现,都得不到伯乐的青睐。 所以人的才能需要自我表现,而且自我表现时必须主动、大胆。 如果自己不去主动地表现,或者不敢大胆地表现自己,你的才能就永远不会被别人知道。

在电影《乱世佳人》中扮演女主角郝斯佳的费雯丽,在出演该片前只是一个名不见经传的小角色。 她之所以能够因此而一举成名,就是因为大胆地抓住了自我表现的良好机遇。

当《乱世佳人》已经开拍时,女主角的人选还没有最后确定。 毕业于英国皇家戏剧学院的费雯丽,当即决定争取出演郝斯佳这一十分诱人的角色。

可是,此时的费雯丽还默默无闻,没有什么名气。 怎样才能让导演知道"我就是郝斯佳的最佳人选"呢?

经过一番深思熟虑后,费雯丽决定毛遂自荐,方法是自我表现。 一天晚上,刚拍完《乱世佳人》的外景,制片人大卫又愁眉不展了。 突然,他看见一男一女走上楼梯,男的他认识,那女的是谁呢? 只见她一手扶着男主角的扮演者,一手按住帽子,居然自己把自己扮演成了郝斯佳的形象。

大卫正在纳闷时,突然听见男主角大喊一声:"喂! 请看郝斯佳!"大卫一下子惊住了:"天哪! 真是踏破铁鞋无觅处,得来全不费功夫。 这不就是活脱脱的郝斯佳吗?"

费雯丽被选中了。

毋庸置疑,你的表现得到认可之时,就是机遇来临之日。请务必记住一点:知道和了解你才能的人越多,机遇就会越多。

当然,很多人或许不会像费雯丽那样仅靠一次表现就一举获得成功。 所以,我们必须要有耐心和恒心,多表现自己。 在一个人面前表现不行,就在更多的人面前表现,在一个地方表现无效,就在其他地方进行表现。 当你表现多了,被发现、赏识的可能性就会大大增加。

汉代名士东方朔刚入长安时,向汉武帝上书,竟用了三千片木椟,公车令派两个人去抬,才勉强能抬起来。 汉武帝用了两个月才把它读完,这在当时也堪称是"世界之最"了。在奏章中,东方朔自许甚高,称:"臣年二十二,长九尺三寸,目若悬珠,齿如编贝,勇若孟贲,捷若庆忌,廉若鲍叔,信若尾生。 若此,可以为天子大臣矣。"皇帝果然为此打动,但转念一想,又觉言过其实,始终未予重用。

东方朔并不死心,另辟蹊径。 当时,与东方朔并列为郎的侍臣中,有不少是侏儒。 东方朔就吓唬他们,说皇帝嫌他们没用,要全部杀死他们。 侏儒们吓坏了,诉于皇帝,皇帝便诏问东方朔为何要吓唬他们。 东方朔说:"那些侏儒长得不过三尺，俸禄是一口袋米，二百四十个铜钱。我东方朔身长九尺有余，俸禄也是一口袋米，二百四十个铜钱。侏儒饱得要死，我却饿得要死。陛下要觉得我有用，请在待遇上有所差别；如果不想用我，可罢免我，那我也用不着在长安城要饭吃了。"皇帝听了大笑，因此让他待诏金马门（古代宦署的大门），并逐渐重用他。

　　有时候，沉默谦逊确实是一种"此时无声胜有声"的制胜利器，但无论如何也不要处处把它当作金科玉律。在各种竞争中，你要将沉默、踏实、肯干、谦逊的美德和善于"秀"自己结合起来，这样才能更好地让别人赏识你。

走自己的路,让别人去说吧

哲人们常把人生比作路,是路,就注定有崎岖不平。

1929年,美国芝加哥发生了一件震动全国教育界的大事。

几年前,一个年轻人半工半读地从耶鲁大学毕业。他曾做过作家、伐木工人、家庭教师和卖成衣的售货员。现在,只经过了8年,他就被任命为全美国第四大名校——芝加哥大学的校长,他就是罗勃·郝金斯。他只有30岁,真叫人难以置信。

人们对他的批评就像山崩落石一样打在这位"神人"的头上,说他这样,说他那样——太年轻了,经验不够,说他的教育观念很不成熟,甚至各大报纸也参加了攻击。

在罗勃·郝金斯就任的那一天,有一个朋友对他的父亲说:"今天早上,我看见报上的社论攻击你的儿子,真把我吓坏了。"

"不错,"郝金斯的父亲回答,"话说得很凶。可是请记住，从来没有人会踢一条死狗。"

曾有一个美国人，被人骂作"伪君子""骗子""比谋杀犯好不了多少"……你猜是谁？一幅刊在报纸上的漫画把他画成伏在断头台上，一把大刀正要切下他的脑袋，街上的人群都在嘘他。他是谁？他是乔治·华盛顿。

耶鲁大学的前校长德怀特曾说："如果此人当选美国总统，我们的国家将会合法卖淫，行为可鄙，是非不分，不再敬天爱人。"这听起来似乎是在骂希特勒吧？可是他谩骂的对象竟是杰弗逊总统，就是撰写《独立宣言》、被赞美为民主先驱的杰弗逊总统。

可见，没有谁的路永远一马平川。为他人所左右而失去自己方向的人，将无法抵达属于自己的幸福彼岸。

真正成功的人生，不在于成就的大小，而在于是否努力地去实现自我，喊出属于自己的声音，走出属于自己的道路。

一名汉语言文学系的学生苦心撰写了一篇小说，请作家提出批评。因为作家正患眼疾，学生便将作品读给作家。读到最后一个字，学生停顿下来。作家问道："结束了吗？"听语气似乎意犹未尽，渴望下文。这一追问，燃起学生的激情，立刻灵感喷发，马上接续道："没有啊，下部分更精彩。"他以自己都难以置信的构思叙述了下去。

到达一个段落，作家又似乎难以割舍地问："结束了吗？"

小说一定摄魂勾魄，叫人欲罢不能！学生更兴奋，更激昂，更富有创作激情。他不可遏止地一而再再而三地接续、接续……最后，电话铃声骤然响起，打断了学生的思绪。

电话找作家,急事。作家匆匆准备出门。"那么,没读完的小说呢?""其实你的小说早该收笔,在我第一次询问你是否结束的时候,就应该结束。何必画蛇添足、狗尾续貂?该停则止,看来,你还没把握情节脉络,尤其是,缺少决断。决断是当作家的根本,否则绵延逶迤,拖泥带水,如何打动读者?"

学生追悔莫及,自认性格过于受外界左右,作品难以把握,恐不是当作家的料。

很久以后,这名年轻人遇到另一位作家,羞愧地谈及往事,谁知作家惊呼:"你的反应如此迅捷、思维如此敏锐、编造故事的能力如此强大,这些正是成为作家的天赋呀!假如正确运用,作品一定脱颖而出。"

"横看成岭侧成峰,远近高低各不同。"凡事绝难有统一定论,谁的意见都可以参考,但永不可代替自己的主见,不要被他人的论断束缚了自己前进的步伐。追随你的热情、你的心灵,它将带你实现梦想。

遇事没有主见的人,就像墙头草,东风东倒,西风西倒,没有自己的原则和立场,不知道自己能干什么、会干什么,自然与成功无缘。

像世界超模一样走路

他是英国一位年轻的建筑设计师,很幸运地被邀请参加了温泽市政府大厅的设计。他运用工程力学的知识,根据自己的经验,很巧妙地设计了只用一根柱子支撑大厅天顶的方案。一年后,市政府请权威人士进行验收时,对他设计的这根支柱提出了异议。他们认为,用一根柱子支撑天花板太危险了,要求他再多加几根柱子。

年轻的设计师十分自信,他说:"只要用一根柱子便足以保证大厅的稳固。"他详细地通过计算和列举相关实例加以说明,拒绝了工程验收专家们的建议。

他的固执惹恼了市政官员,年轻的设计师险些因此被送上法庭。

在万不得已的情况下,他只好在大厅四周增加了四根柱子。不过,这四根柱子全部没有接触天花板,其间相隔了无法察觉的2毫米。

时光如梭,岁月更迭,一晃就是300年。

300年的时间里,市政官员换了一批又一批,市政府大厅坚固如初。直到20世纪后期，市政府准备修缮大厅的天顶时，才发现了这个秘密。

消息传出，世界各国的建筑师和游客慕名前来，观赏这几根神奇的柱子，并把这个市政大厅称作"嘲笑无知的建筑"。最让人们称奇的是，这位建筑师当年刻在中央圆柱顶端的一行字：

自信和真理只需要一根支柱。

这位年轻的设计师就是克里斯托·莱伊恩，一个很陌生的名字。今天，能够找到有关他的资料实在微乎其微，但在仅存的一点儿资料中，记录了他当时说过的一句话："我很自信。至少100年后，当你们面对这根柱子时，只能哑口无言，甚至瞠目结舌。我要说明的是，你们看到的不是什么奇迹，而是我对自信的一点儿坚持。"

总是一味地轻视自己，不敢相信自己的想法和决策，这种情绪一旦占据心头，就会腐蚀一个人的斗志，犹豫、忧郁、烦恼、焦虑便纷至沓来。生命，有时候是一种恶性循环，你越不敢相信自己，很多事情越做不好。陷入这样的旋涡里，你将从此丢了快乐、丢了幸福。

其实，世界上每一个事物、每一个人都有其优势，都有其存在的价值。朋友们，自卑是一种没有必要的自我没落，具有自卑心理的人，总是过多地看重自己不利和消极的一面，而看不到有利、积极的一面，缺乏客观全面地分析事物的能力和信心。这就要求我们努力提高自己透过现象抓本质的能力，客观地分析对自己有利和不利的因素，尤其要看到自己的长处和潜力，不要妄自菲薄。

保持特质才能赢得一片蓝天

有些人，在智商方面可能并没有什么超常的地方，但借助上帝之手，他们总有某个特质是超出常人的。这时候，只有使这些能让自己成就大事的特质得到充分的发挥，才有可能成功。

每个人在给自己定位或者确定方向的时候，总会受到外界这样或者那样的影响，其中包括父母长辈的期望。在这种情况下，人就容易受外在事物的影响，不遵从自身特质的指引，走上一条受他人影响甚至由别人指定的道路。这对于任何人而言都是一种悲哀。每个人遇到这种情况时，都应该坚持，坚持自己的特质。

这里有诺贝尔物理学奖获得者杰拉德斯·图夫特的一段话，他的成长经历在杰出人士这一群体中就很有代表性。

当杰拉德斯·图夫特还是一个8岁的小男孩时，一位老师问他："你长大之后想成为怎样的人？"他回答："我想成为一个无所不知的人，想探索自然界所有的奥秘。"图夫特的父亲是一位工程师，因此想让他也成为一名工程师，但是他没有听从。"因为我的父亲关注的事情是别人已经发明的东西，我很想有自己的发现，做出自己的发明。我想了解这个世界运作的道理。"正是有着这样的渴求，当其他孩子正在玩耍或者在电视机前荒废时光的时候，小小的图夫特就在灯前彻夜读书了。"我对于一知半解从不满足，我想知道事物的所有真相。"他很认真地说。

图夫特告诫我们要保持自我。"最重要的是，一定要决定你要走什么样的道路。你可以成为一名科学家，可以去做医生，但是一定要选择你的道路。世界上没有完全相同的两个人，这就是人类能够取得各种各样成就的原因。所以没有必要来强迫一个人去做他不感兴趣的工作。"

德塞纳维尔，在别人眼里是干什么都不行的庸才。但是，他总觉自己有点儿与众不同的地方。有一天，他脑子里飘起一段曲调，他便将它大概哼了出来，并用录音机录了下来，请人写成乐谱，名为《阿德丽娜叙事曲》。阿德丽娜正是他的大女儿。曲子谱好后，他就在罗曼维尔市找了一个游艺场的钢琴演奏员为之录音。这个演奏员没啥名气，穷酸得很。德塞纳维尔给他取了个艺名，叫理查德·克莱德曼……这一演奏不要紧，理查德·克莱德曼在音乐界引起了轰动，唱片在全世界一下子卖了2600万张，德塞纳维尔发了财。他说："我不会玩任何乐器，也不识乐谱，更不懂和声。不过我喜欢瞎哼哼，哼出些简单的、大众爱听的调儿。"

德塞纳维尔只作曲，不写歌，他的曲子已有数百首，并且流行全球。20年来，德塞纳维尔靠收取巨额版税，腰缠万贯。

成功人士都是这样，保持特质，最后他们得到了一片蓝天。

自己的人生无须浪费在别人的标准中

童话里的红舞鞋,漂亮、妖艳而充满诱惑,一旦穿上,便再也脱不下来。 我们疯狂地转动舞步,一刻也停不下来,尽管内心充满疲惫和厌倦,脸上还得挂着幸福的微笑。 当我们在众人的喝彩声中终于以一个优美的姿势为人生画上句号时,才发觉这一路的风光和掌声,带来的竟然只是说不出的空虚和疲惫。

人生来时双手空空,却要让其双拳紧握;而等到人死去时,却要让其双手摊开,偏不让其带走财富和名声……明白了这个道理,人就会对许多东西看淡。 幸福的生活完全取决于自己内心的简约而不在于你拥有多少外在的财富。

18 世纪法国有个哲学家叫戴维斯。 有一天,朋友送他一件质地精良、做工考究、图案高雅的酒红色睡袍,戴维斯非常喜欢。 可他穿着华贵的睡袍在家里踱来踱去,越踱越觉得家具不是破旧不堪,就是风格不对,地毯的针脚也粗得吓人。 慢慢地,旧物件挨个儿更新,书房终于跟上了睡袍的档次。

戴维斯穿着睡袍坐在帝王气十足的书房里,可他却觉得很不舒服,因为"自己居然被一件睡袍胁迫了"。

戴维斯被一件睡袍胁迫了,生活中的大多数人则是被过多的物质和外在的成功胁迫着。很多情况下,我们受内心深处支配欲和征服欲的驱使,自尊和虚荣不断膨胀,着了魔一般去同别人攀比,谁买了一双名牌皮鞋,谁添置了一套高档音响,谁交了一位漂亮女友,这些都会触动我们敏感的神经。一番折腾下来,尽管钱赚了不少,也终于博得别人羡慕的眼光,但除了在公众场合拥有一点儿流光溢彩的光鲜和热闹外,我们过得其实并没有别人想象中那么好。

男人爱车,女人爱别人说自己好。一定意义上来说,人都是爱好虚荣的。人往往忽视了自己内心真正想要的是什么,而常常被外在的事情所左右。别人的生活实际上与你无关,不论别人幸福与否,都与你无关,不要将自己的幸福建立在与别人比较的基础之上,或者建立在别人的眼光中。幸福不是别人说出来的,而是自己感受到的,人活着不是为别人,更多的是为自己。

《左邻右舍》中提到这样一个故事:

男主人公的老婆看到邻居小马家卖了旧房子,在闹市区买了新房,就眼红了,非要在闹市选房子,并且偏偏要和小马住同一栋楼,而且一定要选比小马家房子大的那套,当邻居问起的时候,她会很自豪地说"不大,一百多平方米,只比304室小马家大那么一点儿",气得小马老婆要打人。过了几天,小马的老婆开始逼小马和她一起减肥,说是减肥之后,他们家的房子"实际面积"一定不会比男主人公家的小,男主人公又开始担心自己的老婆知道后会不会让他一起减肥!

这个故事看起来虽然很好笑,但类似事件却时常在我们的生活中发生。人们将自己的生活沉浸在了一个不断与人比较的困境中,被自己生活之外的东西所左右,岂不是很可悲?

一个人活在别人的标准和眼光之中是一种痛苦,更是一种悲哀。人生本就短暂,真正属于自己的快乐不多,为什么不能为了自己而完完全全、真真实实地活一次?为什么不能让自己脱离总是建立在别人基础上的参照系?如果我们把追求外在的成功或者"过得比别人好"当作人生的终极目标,就会陷入物质欲望为我们设下的圈套而不能自拔。

不要拿过去犯下的错误惩罚自己

当刘翔从北京奥运会赛场上退下来的时候,他说,下一次我一定会做得很好;当程菲因为一个动作出现失误的时候,她说,下一次我会吸取教训。尽管因为没有注意到自己的伤而导致不能坚持到最后,但是刘翔没有一直活在悔恨之中,而是鼓足了勇气面对未来的路;尽管练习了多次的动作没能发挥到最好,但是程菲也没有抓住自己过去所犯的错误不放,而是在总结了经验之后,期待另一次精彩的绽放。

可是,在生活中,有太多的人喜欢抓住自己的错误不放:没能抓住发展的机遇,就一直怨恨自己不具慧眼;因为粗心而算错了数据,就一直抱怨自己没长大脑;做错了事情伤害到了别人,会为没有及时道歉而自责很久……

人生一世,花开一季,谁都想让此生了无遗憾,谁都想让自己所做的每一件事都永远正确,从而达到自己预期的目的,可这只能是一种美好的幻想。人不可能不做错事,不可能不走弯路。做了错事,走了弯路之后,有谴责自己的情绪是很正常的,这是一种自我反省,是自我解剖与改正的前奏曲,正因为有了这种"积极的谴责",我们才会在以后的人生之路上走得更好、更稳。 但是,如果你抓住后悔不放,或羞愧万分,一蹶不振;或自惭形秽,自暴自弃,那你的这种做法就是愚人之举了。

卓根·朱达是哥本哈根大学的学生。 有一年暑假,他去做导游,因为他总是乐于帮助游客,因此几个芝加哥来的游客就邀请他去华盛顿观光。

卓根抵达华盛顿以后就住进"威乐饭店",他在那里的账单已经预付过了。

当他准备就寝时,才发现由于自己的粗心大意,放在口袋里的皮夹不翼而飞。 他立刻跑到柜台那里询问。

"我们会尽量想办法。"经理说。

第二天早上,仍然找不到。 因为一时的粗心马虎,让自己孤零零一个人待在异国他乡,应该怎么办呢? 他越想越生气,越想越懊恼,于是想到了很多办法来惩罚自己。

这样折腾了一夜之后,他突然对自己说:"不行,我不能再这样一直沉浸在悔恨当中了。 我要好好看看华盛顿,说不定我以后没有机会再来了,幸好现在仍有宝贵的一天待在这里。 好在今天晚上还有飞机到芝加哥去,一定有时间解决护照和钱的问题。"

于是他立刻动身,徒步参观了白宫和国会山,并且参观了几个博物馆,还爬到华盛顿纪念馆的顶端。

等他回到丹麦以后,这趟美国之旅最使他怀念的就是在华盛顿漫步的那一天——因为如果他一直抓住过去的错误不放,那么这宝贵的一天就会白白溜走。

放下过去的错误,向前看,才能有更多的收获。我们一生中会犯很多错误,如果每一次都抓住错误不放,那我们恐怕只能在懊悔中度过。很多事情,既然已经没有办法挽回,就没有必要再去惋惜悔恨了。与其在痛苦中挣扎浪费时间,还不如重新找到一个目标,再一次奋发努力。

把"我不可能"彻底埋葬

在自然界中,有一种十分有趣的动物,叫作大黄蜂。曾经有许多生物学家、物理学家、社会行为学家联合起来研究这种动物。根据生物学的观点,所有会飞的动物,必然是体态轻盈、翅膀十分宽大,而大黄蜂这种动物的状况,却正好跟这个理论反其道而行之。大黄蜂的身躯十分笨重,翅膀却出奇地短小,依照生物学的理论,大黄蜂是绝对飞不起来的,而物理学家的论调则是,大黄蜂的身体与翅膀的比例,根据流体力学的观点,同样是绝对没有飞行的可能。简单地说,大黄蜂这种生物,是根本不可能飞得起来的。

可是,在大自然中,只要是正常的大黄蜂,却没有一只是不能飞行的,它飞行的速度并不比其他飞行动物慢。这种现象,仿佛是大自然和科学家们开了一个很大的玩笑。最后,社会行为学家找到了这个问题的答案,很简单,那就是——大黄蜂根本不懂生物学与流体力学。每一只大黄蜂在它成熟之后,就很清楚地知道,它一定要飞起来去觅食,否则必定会活活饿死！这正是大黄蜂之所以能够飞得那么好的奥秘。

由此可见，这世上没有绝对的"不可能"，只要敢于拼搏，一切皆有可能。

谈到"不可能"这个词，我们来看一看著名成功学大师卡耐基年轻时用的一个奇特的方法。

卡耐基年轻的时候想成为一名作家。要达到这个目的，他知道自己必须精于遣词造句，字典将是他的工具。但由于家里穷，他接受的教育并不完整，因此"善意的朋友"就告诉他，说他的雄心是"不可能"实现的。

后来，卡耐基存钱买了一本最好的、最漂亮的字典，他所需要的字都在这本字典里，而他对自己的要求是要完全了解和掌握这些字。他做了一件奇特的事，他找到"impossible（不可能）"这个词，用小剪刀把它剪下来，然后丢掉。于是他有了一本没有"不可能"的字典。以后他把整个事业建立在这个前提下，那就是对一个要成长，而且要超过别人的人来说，没有任何事情是不可能的。

当然，并不是建议你在字典中把"不可能"这个词剪掉，而是建议你要从脑海中把这个观念铲除掉。谈话中不提它，想法中排除它，态度中去掉它、抛弃它，不再为它提供理由，不再为它寻找借口。把这个词和这个观念永远地抛开，而用光明灿烂的"可能"来代替它。

翻一翻你的人生词典，里面还有"不可能"吗？可能很多时候，在我们鼓起雄心壮志准备大干一场时，有人好心地告诉我们："算了吧，你想的未免也太天真、太不可思议了，那是不可能的事情。"接着我们也开始怀疑自己："我的想法是不是太不符合实际了，那是根本不可能达到的目标。"

假如回到500年前，如果有人对你说，你坐上一个银灰色的东西就可以飞上天；你拿出一个黑色的小盒子就能够跟远在千里之外的朋友说话；打开一个"方柜子"就能看到世界各地发生的事情……你也同样会告诉他"不可能"。但是，今天飞机、手机、电视甚至宇宙飞船都已变成现实了。正如那句老话所说："没有做不到，只有想不到。"奇迹在任何时候都可能发生。

纵观历史上成就伟业的人，往往并非那些幸运之神的宠儿，而是那些将"不可能"和"我做不到"这样的字眼从他们的字典以及脑海中连根拔去的人。富尔顿仅有一只简单的桨轮，但他发明了蒸汽轮船；在一家药店的阁楼上，迈克尔·法拉第只有一堆破烂的瓶瓶罐罐，但他发现了电磁感应；在美国南方的一个地下室中，惠特尼只有几件工具，但他发明了锯齿轧花机；豪·伊莱亚斯只有简陋的针与梭，但他发明了缝纫机；贫穷的贝尔教授用最简单的仪器进行实验，但他发明了电话。

美国著名钢铁大王安德鲁·卡内基在描述他心目中的优秀员工时说："我们所急需的人才，不是那些有着多么高贵的血统或者多么高学历的人，而是那些有着钢铁般的坚定意志，勇于向工作中的'不可能'挑战的人。"

这是多么掷地有声、发人深省的一句话啊！

每一个在生活、职场上拼搏并希望获得成功的人，都应该把这句话铭刻在自己的记忆深处！敢于向"不可能"发出挑战，一切皆有可能！